做个
有志气的男孩

（升级版）

金岩◎编著

中国纺织出版社

内 容 提 要

随着社会的发展，男孩与女孩的差异性越来越小，怎样让男孩保有男子汉的气概，让他们成长为有担当、有抱负的人，是我们急需寻找到答案的问题。

本书根据男孩的心理成长状态，系统地介绍帮助男孩建立信心的方法，教会男孩做人的道理，让男孩从小就懂得长志气，是一本极具可读性的男孩成才励志书。

图书在版编目（CIP）数据

做个有志气的男孩：升级版／金岩编著．—北京：中国纺织出版社，2018.9（2023.5重印）
ISBN 978-7-5180-5273-8

Ⅰ．①做… Ⅱ．①金… Ⅲ．①男性—成功心理—青少年读物 Ⅳ．①B848.4-49

中国版本图书馆CIP数据核字（2018）第171836号

责任编辑：闫 星　　特约编辑：李 杨　　责任印制：储志伟

中国纺织出版社出版发行
地址：北京市朝阳区百子湾东里A407号楼　邮政编码：100124
销售电话：010—67004422　传真：010—87155801
http：//www.c-textilep.com
E-mail：faxing@c-textilep.com
中国纺织出版社天猫旗舰店
官方微博http://weibo.com/2119887771
永清县晔盛亚胶印有限公司印刷　各地新华书店经销
2018年9月第1版　2023年5月第3次印刷
开本：710×1000　1/16　印张：13
字数：195千字　定价：68.00元

凡购本书，如有缺页、倒页、脱页，由本社图书营销中心调换

前言

preface

生活中，我们常听到人们这样评价某个男孩：“别看他身体瘦小，却是个真正的男子汉。”的确，一个男孩，他可以瘦弱，但绝不能懦弱；他可以没有太大的力气，但绝不能没有担当；他可以失败，但绝不能被失败打倒……“男子汉”大概是对男性最高的评价了。很明显，一个男孩，是不是真的男子汉，并不是由他的体型和长相来决定。那么，是由什么来决定的呢？是志气！

现代社会，每一个男孩都在师长们的指导下努力学习、充实自我，为的是在日后能成为一个优秀的人、实现自己的人生梦想。这一切，靠的就是志气！优秀的男孩要想拥有凌云之志，就要付出努力，就要能做到不畏艰险、迎难而上。

每一个男孩都希望自己能成为一个顶天立地的男子汉，但我们不难想象，一个胆小怕事、总是躲在父母背后的男孩能有什么大出息，一个遇事就知道推卸责任的男孩又怎能担当重任，一个爱慕虚荣的男孩又怎么能赢得信任……任何一个男孩都不想未来的自己会变成这样！

所以，立即行动吧，现在就开始锻炼自己！锻炼出男子汉的真本事，让自己拥有男子汉应该具备的志气！

你不仅需要锻炼你的双手，去迎接未来生活的风风雨雨，还要锻炼你的肩膀，让它更有力量承担未来寄予自己的重担；你不仅需要锻炼自己的勇气，敢想敢做才是真男人，更要锻炼自己的智慧，真正的男子汉更是智慧的化身。你不仅要……

只要你愿意，只要你真的能坚持下来，那么，假以时日，你一定可以自豪地拍着自己的胸脯大喊："我是真正的男子汉！"当然，对于成长期的男孩来说，因为阅历的原因，个人的力量毕竟是有限的，要想尽快蜕变，男孩还要学会走捷径，这就是本书的任务所在。这本书中，有很多关于男孩成长的故事，也有一些成功人士的经典总结，并对在文中出现的一些可能让男孩们感到不解的名词做了简明扼要的解释；并且，本书对励志故事给出了中肯的点评，为男孩子的学习和成长指明了路径。

编著者

2018年2月

目录

contents

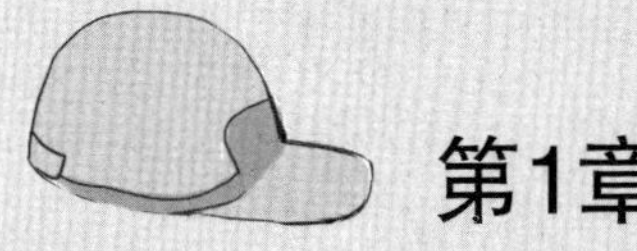

第1章

有志者事竟成，上进心让男孩出人头地

现实生活中的每一个男孩，都希望在未来成为一个成功者。任何一个男孩可以平凡，但是不能平庸。成功是男孩们永恒追求的目标，但前提是男孩要有出人头地的上进心。男孩，如果你想活出一个不平凡的人生，如果你想成为一个成功的人，那么，从现在起，努力培养自己的进取心，并尽早为自己树立一个足以为之奋斗的理想吧！一个连想都不敢想的人又怎么会成功呢？

积极进取，成为自己梦想成为的那个人

适用写作关键词：积极　进取

我应为王

比尔·盖茨在小的时候，就在学业上表现出与众不同的进取心。在他四年级的时候，有一次，老师给同学们布置了写一篇四五页作文的家庭作业，没想到，比尔·盖茨居然一口气写了三十多页，这让老师刮目相看。还有一次，老师让同学们写一篇二十多页的短小故事，比尔·盖茨却写了一百多页。他的同学曾回忆说："任何事情，不管是演奏乐器还是写文章，除非不做，否则他都会倾尽全力、花上所有的时间来完成。"

后来，当他考入哈佛这个人才聚集的高等学府后，他的数学成绩也很突出。按比尔·盖茨的天分，他若向数学方面发展，无疑可以成为一名优秀的数学家，但他发现还有几个同学在数学方面比他更胜一筹。于是，他放弃专攻数学的打算。因为他有一个信条：在一切事情上，不屈居第二。

比尔·盖茨总是在培养自己好斗的性格，因而被人骂作"红眼"（人在紧张时肾上腺素冲进眼睛，导致眼睛通红）。久而久之，他成为令所有对手都胆怯的人物，因为他绝对不服输，绝对不会退缩，绝对不会忍让，更不会妥协，直到取得胜利。这种个性成为他创业时期的最明显的特征，他令一个个对手都败在了他的手下。

比尔·盖茨总是一个不满足的人。到了20世纪90年代，他已经成了世界首富，但是不满足的心理依然驱动着他继续自己的冒险事业。

比尔·盖茨的格言是："我应为王。"即使是位列第二，对他来说，也是不可忍受的。比尔·盖茨之所以能成为软件霸主，聪明并不是第一位的，凡事做到极致的志气才是成功的真正动力。

知识窗

世界级富豪比尔·盖茨在一次接受记者的采访时说："我最害怕的是满足，所以每一天我走进这间办公室时都自问：我们是否仍然在辛勤工作？有人将要超过我们吗？我们的产品真的是目前世界上最好的吗？我们能不能再加点油，让我们的产品变得更好呢？"

励志点金石

美国资本家、20世纪第一个亿万富翁——约翰·戴维森·洛克菲勒曾说过这样一句话："要成为什么样的人，拥有怎样的人生，取决于我们怎样策划自己的人生，而不是把命运交给运气。"

比尔·盖茨曾经对他童年要好的朋友说："与其做绿洲中的一株小草，还不如做秃丘中的一棵橡树，因为小草任人践踏，而橡树昂首天穹。"

为你支招

男孩们，你们该怎样培养自己的进取心，进而成为自己想成为的人呢？

1.不断学习，并把学习深入贯彻到生活中

成功，取决于人的能力；而能力，则取决于人的学习——归根到底，成功取决于学习。不断地学习知识，正是成功的奥秘！但学习来不得半点虚伪，只有把学习融入生活中，引起足够的重视，才能有所成效。

2.勤奋进取，克服懒惰

每个男孩都要记住，既然年少，就难免贪玩，但这不能成为我们懒惰和不进取的理由。时间要靠自己把握和积累，哪怕只是利用自己一些空闲的时间，哪怕你已经人到中年，你也一样可以弥补年轻时的遗憾，甚至获得意想不到的成就。只有不断更新自己的知识结构，才可能不断提升自己。

3.开放思维，给自己寻找更高的起点和标准

即使你现在已经是个优秀的学生，即使你在各方面都已经被老师、家长认可，你依然要为自己树立新的目标，并朝着这目标努力。

其实，生活中的每一个男孩，只要积极进取，你也能成为你想成为的人。现在的你即使是学习上的佼佼者，可能衣食无忧，可能还有某些特长，过着父母给你的优越生活，可能会有个灿烂的未来，你也不能就此停滞不前。激烈的竞争要求你不断进步，而求知与不满足是进步的第一必需品。生命有限，维系成功的唯一法门在于终身学习，在新的方向不断探寻、适应以及成长，只有这样，你才能步入新的高度。

努力提升，做最出色的自己

适用写作关键词：梦想　信念　出色

绝不做失败者

吉拉德是世界著名的推销大师。小的时候，吉拉德沿街卖报，在酒吧里替人擦鞋，还做过洗碗工、送货员等。长大后，他做过电炉装配工和住宅建筑承包商，并换过许多个工作，但没有一个能做出成绩的。

后来，有朋友介绍吉拉德去一家经销汽车的公司，推销经理哈雷先生起初很不乐意。

“你曾经推销过汽车吗?”他问道。

“没有。”

“为什么你觉得自己能够胜任？”

“我推销过其他东西——报纸、鞋油、房屋、食品，但人们真正买的是我，我推销自己，哈雷先生。”

吉拉德已经重建了足够的信心，他并不在意自己已经35岁，也不在乎人们所认为的推销是年轻人干的这个观念。

哈雷笑笑说：“现在正是严冬，是销售淡季，假如我雇用你，我会受到其他推销员的责难，再说也没有足够的暖气房间给你用。”

生存的威胁已经使吉拉德变得更加坚强。“哈雷先生，假如你不雇用我，你将犯下一生最大的错误。我不要暖气房间，我只要一张桌子、一部电话。两个月内，我将打破你最佳推销员的记录。”吉拉德信心十足，但实际上他并没有把握。

哈雷先生终于在楼上的角落给吉拉德安排了一张满是灰尘的桌子和一部电话。就这样，吉拉德开始了自己新的事业。

哈雷先生无法相信，在两个月内，吉拉德真的实现了自己许下的诺言，他打败了公司中所有的推销员，并偿还了10万美元的负债，同时也赢得了尊严！

吉拉德的推销故事告诉每个渴望成为优秀者的男孩，内心不渴望的东西，它永远不可能主动靠近自己，你必须具有强烈的渴望成功的愿望，这一点非常重要。也就是说，一个人的信念是他一切行动的开始，也是他能否成功的重要因素。一个人的成就不会超过信念本身。

知识窗

小时候，吉拉德的父亲总是给他灌输一种消极的思想：“你永远不会有出息，你只能是个失败者。”这些思想令他害怕。而吉拉德的母亲则相反，她给他灌输的是一种积极的思想：“对自己有信心，你绝对会成功的，只要你想成为什么，你就能做到。”从父母那里，吉拉德时时感受到两种相反的力量，这两种力量一方面令他害怕；另一方面也让他产生信心。而最终，母亲传输给他的这种思想胜利了，这就是为什么他能实现自己的梦想。

励志点金石

美国钢铁大王卡内基，少年时代从英格兰移民到美国，当时真是穷透了，正是“我一定要成为大富豪”这样的信念，使得他于19世纪末在钢铁行业大显身手，尔后涉足铁路、石油，成为商界巨富。

曾经有人问康拉得•希尔顿：“何时得知自己将会成功？”希尔顿的回答

是：“当我还潦倒困顿到必须睡在公园的长板凳上时，我已经知道自己以后会成功。”

为你支招

男孩，你该如何让自己成为出色的人呢？

1.努力提高自己，把“力争第一”当成一种信念

“力争第一”的态度能激发一往无前的勇气和争创一流的精神，从而令人获得成功。力争第一，更是一种追求、一种信念、一种无畏、一种越过冷漠荒原后看到生命绿洲的快乐。男孩，如果你有“永争第一”的信念，那么，你的潜能会被无限地激发，你不会再认为学习是一件让你烦心的事，你不会认为“第一名”永远和自己无缘，你会发现，原来你也可以这么优秀。

2.即使你是第一，也永远可以做得更好

年轻人最忌骄傲自大、不思进取，这是任何一个人成长路上的杀手。因此，即使你现在每次考试、每次比赛都是第一名，你也有成长、学习的空间，切不可故步自封。

3.关注未来，不要满足于现状

独具慧眼的人，往往具备人们所说的野心，不会为眼前的蝇头小利而放弃追求梦想的愿望，他们一般是用极有远见的目光关注未来。男孩，你们在专注于学习的同时，也应该放眼未来，不断为寻找自己的梦想而努力。

总之，男孩，从现在起，你只须树立一个正确的信念，然后调动你所有的潜能并加以运用，努力提升自己的能力。如此，你便能脱离平庸的人群，为未来步入精英的行列打好基础！

勇于尝试，拥有改变人生的动力

适用写作关键词：积极　上进

有趣的求职者

有一位22岁的年轻人自从大学毕业后，一直找不到工作。尽管他有英国名牌大学新闻专业的文凭，但是，在竞争激烈的人才市场上，他四处碰壁。

为了求职，他一直寻寻觅觅，来到首都伦敦，最后他走进了世界著名的《泰晤士报》的编辑部。

“请问你们需要编辑吗？”他十分恭敬地问。

对方看了看貌不惊人的他，说：“不要。”

他又问：“那需要记者吗？”

“也不要。”对方回答说。

“那么，排字工、校对呢？”他毫不气馁。

“都不要！”对方显然已经不耐烦了。

他却微微一笑，从包里掏出一块制作精致的告示牌，交给对方，说：“那您肯定需要这块告示牌！”

对方一看，上面写了这样一句话：“额满，暂不雇用。”

他的举动让报社的人忍俊不禁。一位主管很认真地在一旁观察他，发现他

并不是在调侃报社，而是一脸的真诚。主管被他的认真和顽强所打动，于是录用了他，并把他安排到对外宣传部工作。

20年后，他在这家英国王牌大报的职位是：总编。他就是生蒙，一位资深的有着坚忍毅力和良好人格魅力的新闻工作者。

我们看到，一个成功的竞争者，除了要具备广博的知识和各方面的才能外，还必须有健康的心理素质，尤其是乐观向上的、积极的态度，要有遇到困境努力改善的上进心。只有这样，才能产生改变人生的动力，进而成为一个优秀者。任何人，一旦甘于平淡和默默无闻，那么其结果也就是平淡。哀莫大于心死，只有积极进取，才能勇于尝试。

因此，新时代的男孩，纵然你现在还在经历学校生活，你也应该树立远大的理想。如果你希望自己将来成为一个成功的人，如果你不甘于平庸，如果你希望改变自己的现状，就一定要有上进心。

知识窗

《泰晤士报》诞生于1785年，创始人是约翰·沃尔特，是英国的综合性全国发行的日报，是对全世界政治、经济、文化发挥着巨大影响的报纸。《泰晤士报》关注的领域包括政治、科学、文学、艺术等，几乎在每个领域都赢得了良好的口碑。

励志点金石

美国军事家、陆军上将和第18任总统格兰特将军在进入西点军校前，愿望是当一个农民；进校后，他力求做一个合格的学生，尽管他的成绩并不突出。战争胜利后，尽管他只想当格利纳市的市长，但到1868年时，他的抱负就远不止于此了，他接受了共和党人的总统提名。如果说格兰特的成功有什么秘诀，那么这个秘诀就是“进取心”。

为你支招

男孩，你该怎样将自己培养成为一个积极上进的人，并努力做到改变人生呢？

1.进取心态最为根本

许多天才因缺乏勇气而在这世界上消失。每天，许许多多默默无闻的人被送入坟墓，他们由于胆怯，从未尝试过努力着；他们若能早日起步，就很有可能功成名就。

对于一个普通的男孩来说，只有树立理想，点燃激情，才能激发出无限潜能。

2.唤醒自己的梦想

每一个十几岁的男孩，心中都会有一个属于自己的梦想。虽然紧张的学习生活、入学考试的压力可能会让你搁浅心中的梦想，但你是否发现，正是因为你失去了梦想，你才会显得无力，没有热情。只有具有一个伟大的动力，人的潜能才会被最大限度地激发出来。因此，不要犹豫了，为理想奋斗吧，这样，你的人生才会别样的精彩！

3.审视自己，找出自己的闪光点

我们生活的周围，的确有这样一些男孩，他们有自己的梦想，为了自己的梦想，他们努力学习甚至不愿浪费一分一秒的学习时间，但奇怪的是，为什么他们的努力总没有效果呢？原因很简单，他们没有找到正确的努力的方向！任何人，盲目地奋斗，都将会艰辛百倍，甚至一无所获。而每个人都有与众不同的地方——可能这些不同的地方会因为日常那些烦琐的事情而被掩盖，因此，从现在起，不妨停下脚步想想，你是不是在某些方面比别人更有天赋呢？如果有，就不要盲目奋斗了，重新审视自己，从自己最擅长的事情做起，你会事半功倍！

男人可以平凡，不能甘于平庸

适用写作关键词：拒绝平庸　敢想敢做

把“我不要”“我无法”从心中划除

我刚应聘到这家公司供职时，曾接受过一次别开生面的强化训练。

那是在青岛的海滨度假村，我和同伴们沉浸在飘忽而又幽婉的轻音乐声里，指导老师发给每人一张16开的白纸和一支圆珠笔。这时，主训师已在一面书写板上画了一个大大的心形图案，并在图案里面写上了三个字：我无法。然后，要求每个成员在自己画好的心形图案里至少写出三句：“我无法做到的……我无法实现的……我无法完成的……”再反复大声地读给自己、读给周围的伙伴们听。

我很快写出三条：

我无法孝敬年迈的父母！

我无法实现梦寐以求的人生理想！

我无法兑现诸多美好愿望！

接着，我就大声地读了起来，越读越无奈，越读越悲哀，越读越迷茫……在已变得有些苍凉的音乐里，我竟倍感压抑和委屈，泪眼模糊起来。

就在这时，主训师却把写字板上的“我无法”改成了“我不要”，并要求每位成员把自己原来所有的“我无法”三个字画掉，全改成“我不要”，继续读。

于是，我又接着反复地读下去：

我不要孝敬年迈的父母！

我不要实现梦寐以求的人生理想！

我不要兑现诸多美好的愿望！

结果，我越读越别扭，越读越不对劲儿，越读越感到自责和警醒……

在轰然响起的《命运交响曲》里，我终于觉悟到：原来许多所谓的“我无法……”其实是自己“不要”啊！

而此时，主训师又把“我不要”改成了“我一定要”，同样要求每位成员把各自的所有“我不要”三个字画掉，全改成“我一定要”，继续读。

我一定要孝敬年迈的父母！

我一定要实现梦寐以求的人生理想！

我一定要兑现诸多美好愿望！

我越读越起劲儿，越读越振奋，越读越有一种顿悟后的紧迫感……在悠然响起的激荡人心的乐曲里，我豪情满怀，忽然有一种天高路远跃跃欲试的感觉和欲望。

真正改变人生的，往往就是我们的态度。甘于平庸，最终也只能平庸。生活中，我们从不少人口中听到“真男人”三个字，那么，什么是“真男人”呢？不同的人对此的看法不同，但无论如何，真男人就要敢想敢做，就要敢于追求自己想要的人生。

知识窗

《c小调第五交响曲》作品67号，又名《命运交响曲》，是路德维希·范·贝多芬于1804——1808年间创作的四乐章交响曲。该作品是古典音乐中最受欢迎、最著名，也是最常被演奏的交响曲之一；自首演之日起，《第

五交响曲》就获得了广泛的赞誉和极好的口碑；当时，E·T·A·霍夫曼将这首交响曲称作“当代最重要的作品之一”。

励志点金石

美国人派吉曾写过一段著名的话，题目叫《只为今天》，在美国广为流传。其中一点他特别强调：“只为今天，我要用三件事来锻造我的灵魂：我要为别人做一件好事；我还要做一件我并不想做的事；更重要的是我要做一件我不敢做的事。”

为你支招

1.改变命运从改变自己的心态开始

从平庸到优秀只有一步之遥，但有的人终其一生也无法跨越。男孩，你只有拒绝平庸，并产生强烈的渴望，才能做到卓越。有了尽最大的努力把事情做好的志向，不断对自己提出严格的高标准，你就会赢得别人的尊敬，做出令人吃惊的成绩。

2.目标坚定

知道自己所求为何物，是第一步，而且是培养恒心毅力最重要的一步。强烈的动机可以驱使人超越诸多困境。

3.用信念支持行动，向预期的目标奋进

设定目标是成功的必定步骤。男孩，在实现目标的过程中，你的小目标可能也会因为情况的改变而不断发生变化，但你设定的大目标是不变的。事实上，无论小目标因为什么元素在变化，也脱离不了为实现大目标而努力的终极意义。

培养志气，成功会离你越来越近

适用写作关键词：坚忍　志气

我成功，是因为我志在成功

拿破仑·波拿巴是法国杰出的军事统帅。拿破仑幼时的生活是十分清苦的。他的父亲是出身科西嘉的贵族，后来家道中落、一贫如洗。但他仍多方筹措费用，把拿破仑送到柏林市的一所贵族学校去求学。拿破仑破衣敝屣，常受那些贵族子弟的欺负和嘲笑。

就这样，拿破仑忍受着那些同学的作威作福，求学了5年之久，直到毕业。在这5年里，他受尽了同学们的各种欺负凌辱，但每受到一次欺负和凌辱，就使他的志气又增长一分，他决心要把最后的胜利拿给他们看。

他心里暗自计划，决定痛下苦功、充实自己，使自己将来能够获得远在那些纨绔子弟之上的权势、财富和荣誉。因此，当同伴们利用闲暇时间娱乐时，他则独自苦干，把全部精神都放在书本上，希望用知识和他们一争高下。

拿破仑读书有着明确的目的，他专心寻求那些能使他有所成就的书来读。他在孤寂、闷热、严寒中，从不间断地苦学了好几年，单是他从各种书籍中摘录下来的文摘，就可印成一部四千多页的巨著了。此外，他常把自己当成正在前线指挥作战的总司令，把科西嘉当作双方血战的必争之地。他画了一张当地

最详细的地图，用极精确的数学方法，计算出各处的距离远近，并标明某地应该怎样防守，某地应该怎样进攻。这种练习，使他的军事才能大大进步。

拿破仑的上级发现了他的才学之后，就将他升任为军事教官。从此，他便飞黄腾达，直到获得全国最高的权力。

拿破仑的成功向男孩证明了一点：艰难困苦中能否崛起，考验的是你的毅力，压力也会让人产生巨大的潜在力量，所以你要学会挑战自己、淘汰自己，让自己面对困难和挑战，这是你前进的动力。

任何要想成功的男孩，他首先要学会的就是培养自己的志气和坚忍不拔的毅力，要能够超越失败，成功才会与你越来越近。

知识窗

拿破仑·波拿巴（1769—1821)是叱咤风云的人物，公认的战争之神，是欧洲历史上最伟大的四大军事统帅（亚历山大大帝，凯撒大帝，汉尼拔，拿破仑）之一，一生中指挥大大小小一共六十多场战役，要比历史上的亚历山大大帝、凯撒大帝、汉尼拔、苏沃洛夫等名将所指挥的战役的总和还要多。正因为如此，拿破仑成为欧洲不可一世的霸主，成为与凯撒大帝、亚历山大大帝齐名的拿破仑大帝。

励志点金石

爱默生说：“除自己以外，没有人能哄骗你离开最后的成功。”很多人之所以不能迈出人生的关键一步，就是因为他们缺乏志气，志气的缺乏导致动力的不足，这让他们每当感到压力的时候，就会一蹶不振，很难把失败的惩罚当作不断前进的新动力。

为你支招

每个男孩，都要培养自己的志气和坚忍不拔的毅力。为此，男孩可以从以

下几个方面努力：

1.目标坚定

知道自己所求为何物，这是第一步，也是培养恒心毅力最重要的一步。强烈的动机可以驱使人超越诸多困境。

2.自立自强

相信自己有能力执行计划，鼓励自己坚持计划不放弃。

3.计划确切扎实

即使是不太扎实的计划，不够实际的计划，也能鼓励人坚忍不拔，不断向着梦想前进，更何况是确切扎实的计划呢?

4.正确的知识

知道自己的明智计划是以经验或有观察为根据，可以鼓励人坚定不移，不知情而光是猜想，则易摧毁恒心毅力。

5.合作

和他人和谐互助、彼此了解、声息相通，容易助长恒心毅力。

6.意志力

集中心思，拟定确切目标，可以带给人恒心毅力。

7.习惯

恒心毅力是习惯的直接产物。

男孩们，需要谨记，你要做有志气的男儿，也就是说，无论你遇到什么，都要咬紧牙关，不要放弃最后的努力。因为成功与不成功之间的距离，并不是一道巨大的鸿沟，它们之间的差别只在于是否能够坚持下去。

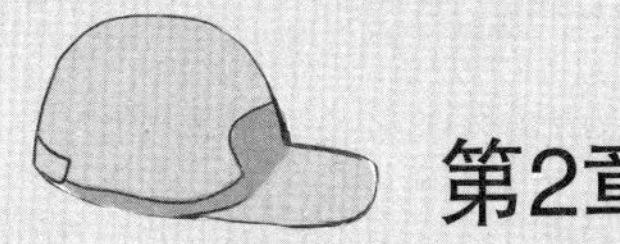

第2章

越磨砺越成器，做个逆风飞翔的男子汉

渴望成功的男孩们，你们天性刚强，必定有坚忍不拔的意志力。精诚所至，金石为开。任何一件事的成功，要做到一帆风顺往往不太可能，通常情况下，总是充满困难，只有坚强、努力和不断寻找方法的人才能做到不畏困难，排除千难万险，突破人生的困厄，并走向成功。

坚持下去，不可能也会变成可能

适用写作关键词：意志力　忍耐

暴风雪中的士兵

数九寒天，一座城市被围，情况危急。守将决定派一名士兵去河对岸的另一座城市求援。这名士兵马不停蹄地赶到河边的渡口，却看不到一只船。平时，渡口总会有几只木船摆渡，由于兵荒马乱，船夫全都逃难去了。士兵心急如焚。假如过不了河，不仅自己会成为俘虏，就连城市也会落入敌人手里。

太阳落山，夜幕降临。黑暗和寒冷加剧了士兵的恐惧与绝望。更糟的是，起了北风，到了半夜，又下起了鹅毛大雪。士兵瑟缩成一团，紧紧抱着战马，借战马的体温取暖。他甚至连抱怨自己命苦的力气都没有了，只有一个声音在他心里重复着：活下来！他暗暗祈求：上天啊，求你再让我活一分钟，求你让我再活一分钟！当他气息奄奄的时候，东方渐渐露出了鱼肚白。

士兵牵着马儿走到河边，惊奇地发现，那条阻挡他前进的大河，水面已经结了一层冰。他试着在河面上走了几步，发现冰冻得非常结实，他完全可以从上面走过去。士兵欣喜若狂，就牵着马从上面轻松地走过了河面。城市就这样得救了，这归功于士兵的忍耐和等待。

对成功人士来说，任何委屈都不足以让他心灰意冷，反而更加能鼓舞士

气，激发起一定要做成大事的欲望。能忍耐的人，能够得到他所要的东西。唯有忍耐，才能转败为胜。

现实生活中的男孩，如果你也希望成为一个有所建树的人，那么，你就必须培养自己的意志力，要做到坚忍不拔。事实上，从古至今，大凡成功者，无不具备这一项品质。因为他们认为，跌倒了再站起来，终有一天，会得胜利之果实。的确，每件存在的事物在开始时只不过是一个想法。“不可能”背后隐藏的巨大成功，而成功只青睐那些充满激情、意志坚定的人。失败并不可怕，关键在于如何从失败中奋起，反败为胜。只要你坚持下去，不可能也会变为可能。

知识窗

冰是怎样形成的?

将水的温度降低至0℃以下，就会形成冰。原理是，温度低使原子的活动性减少，接近静止。物体有固态、液态、气态、等离子态、凝聚态、超固态、中子态等。冰是水的固态表现。

励志点金石

中国有句古语：“有志者，事竟成，百二秦关终属楚；苦心人，天不负，三千越甲可吞吴。”

在美国四年的南北战争中，林肯肩上所承受的压力是难以想象的。失败、灾难、朋友的背信、儿子的丧生、妻子的精神病……但他从没有动摇过。而在竞选美国总统职务的所有人中，林肯招致的诽谤、侮辱和憎恨比任何人都要强烈，但他赢得了1860年的大选。

为你支招

生活中的每一个男孩都要谨记：

1.摒弃消极思想

一旦你受到周围消极思想的影响，再想建立起积极的态度，几乎是不可能的。在你耳边，经常会响起一些消极词汇，如“小心”“慢慢来”“还不错”“我早说过了”“不可能”“事情结束了”等。你应学会分辨消极和积极的言辞，避免接触和使用消极的言辞，因为答案总存在于积极正面的一方。

2.告诉自己“总会有别的办法可以办到”

很多男孩不乏坚强的毅力，但是由于不会进行新的尝试，因而无法成功。请坚持你的目标吧，不要犹豫不前。但是也不能太生硬，不知变通。如果确实感到行不通，那就尝试另一种方式吧。

3.不要等待

困难面前，耐心等待并不是一种美德。因为，如果你不采取行动，只是静候佳音，那将是你所能做的所有事中最糟糕的选择。如果你想解决问题，你必须负起责任，不要期待别人拔刀相助。相信你自己解决问题的能力。如果期待别人的帮助，你只会得到失望，更糟糕的是你可能变得愤世嫉俗而一无所成。

4.意志力要与行动结合

行动是解决问题的关键，也是克服困难的基础。拿破仑·希尔有一个集顾问、作家、评论家于一身的朋友。他曾经谈到关于“成为名作家，需要哪些条件”的看法：“有很多爱好写作的人，对于想要写作不太热衷。”他说，“他们都尝试过一段时间，但在发现写作本身所牵涉的东西又多又杂以后，就退出了写作的行列。我个人不太同情他们，因为他们都只是在寻找捷径而已，可是现实世界里哪有这种事。”

保持积极乐观，坦然面对困难

适用写作关键词：坦然　乐观

“神奇”的药物

有一对年过四十的夫妻，他们在进行年度身体检查时，发现自己患了绝症：妻子患了乳腺癌，丈夫患了严重的动脉血管疾病，医生坦言他们只剩下半年时间了。这简直犹如晴天霹雳，他们原本幸福的生活似乎一下子就要破灭了。

然而，这对夫妻并没有就此在哀怨中生活，他们想了想，还有半年时间，足够他们完成这辈子最想做的事了——环球旅行。于是，他们卖掉了他们十年前才还清贷款的房子，并很快就出发了。

在他们的旅行过程中，他们几乎忘记了生病这一回事，格外珍惜每一天。他们仿佛回到了二十年前他们刚结婚的时候，那时候，他们没钱、忙于工作、照顾孩子，但现在他们有机会了。看到他们甜蜜的样子，没有人会想到他们是一对生命即将结束的病人。

五个月后，他们的旅行结束了，按照规定，他们还需要做一次检查，但在看检查结果时，连医生都惊呆了，他发现妻子的癌细胞已经消失，而丈夫的动脉血管阻塞也好了许多，这个结果让医生感到匪夷所思。

后来，医院就这一对夫妇的情况进行了研究，他们认为这是积极的情绪的作用，快乐的人脑内会分泌一种胺多酚，它会增加体内的淋巴球，进而增强对抗癌细胞的能力，让人重新获得健康。

这简直是个奇迹！因此有人说，心态决定人生，积极乐观的心态是成功的源泉，是生命的阳光和温暖；而消极的心态是失败的开始，是生命的无形杀手。同样，生活中的男孩们，对于那些无法避免的困难，要学会坦然接受，因为挫折、逆境、苦难都是我们人类生活中的一部分，只有勇敢面对，才是成熟的表现。

知识窗

什么是细胞？

细胞，并没有统一的定义，比较普遍的提法是：细胞是生物体基本的结构和功能单位。已知除病毒之外的所有生物均由细胞所组成，而病毒的生命活动也必须在细胞中才能体现。

一般来说，细菌等绝大部分微生物以及原生动物由一个细胞组成，即单细胞生物，高等植物与高等动物则是多细胞生物。细胞可分为原核细胞、真核细胞两类，但也有人提出应分为三类，即把原属于原核细胞的古核细胞独立出来作为与之并列的一类。研究细胞的学科称为细胞生物学。

励志点金石

成功学大师奥格·曼狄诺曾经指出：“一个人，从出生到死亡，始终离不开受苦。人不经过磨炼，就不会完善，生命热力的炙烤和生命之雨的沐浴让人受益匪浅。”

思维心理学专家史力民博士指出：“乐观是成功的一大要诀。”他说，失败者通常有一个悲观的“解释事物的方式”，即遇到挫折时，总会在心里对自己说：“生命就这么无奈，努力也是徒然。”由于常常运用这种悲观的方式解释事物，无意中就丧失了斗志，从此不思进取，也就错过了人生中最美好的风景。

为你支招

男孩，面对无法避免的困难，你们该怎样做呢？

1.做好最坏的打算

谚语常说："能解决的事不必去担心，不能解决的事担心也没用。"这样一想，你会发现，在最坏的情况面前，也没什么可忧虑的。那么，你也就能变得积极了。

的确，人生拥有的是不断的抉择。就看你是用什么态度去看待这些有赖你决定的无数机会。纵观每件事情、每个问题的正反两面或更多面，你将发现内心最深沉的恐惧在所有状况明朗之后已自行化为乌有。

2.学会转换思维

比如，面对着半杯水，对于乐观旷达、心态积极的人而言，是："哈，真高兴我还有半杯水！"对那些悲观沮丧、患得患失的人而言，则是："唉，只有半杯水了，这该如何是好呀？"

因此，对那些乐观旷达、心态积极的人而言，面前的机会都是好机会。对那些悲观沮丧、心态消极的人而言，面前的机会都是不好的机会。

3.不要强迫自己去忘记某件事情，把一切交给时间

忘记任何一件痛苦的事，都需要一个过程。因此，有时偶尔会想起它，其实也无妨。当你想起它时，你可以对自己说：那都是过去，看我现在多快乐啊！相比过去而言，现在的我是多么幸福啊……人要往前看，往好处想，这样，随着时间的流逝，那些过去也就真的成为"往事"了。

成功就是坚持，坚持，再坚持

适用写作关键词：坚持　顽强

波浪理论

1819年，在横跨得克萨斯州的火车上，一个瘦高个子、大约13岁的男孩，正在卖报纸和雪茄烟。当旅客们谈论有关投资方面的事情时，这个男孩总是全神贯注地听着。

这个卖报的孩子叫作威廉，他希望成为一个能预测未来的交易商。过往的人纷纷嘲笑他："噢，祝你好运，没有人能预测未来。"

为了这个梦想，长大后的威廉整天躲在狭小的地下室里，将数百万根的K线一根根地画到纸上，将纸贴到墙上，接下来便对着这些K线静静地思索，有时他甚至能面对着一张K线图发几个小时的呆。

后来他干脆把美国证券市场有史以来的纪录搜集到一起，在那些杂乱无章的数据中寻找着规律性的东西。由于没有客户，挣不到薪金，这个美国人许多时候不得不靠朋友的接济勉强度日。

这样的情况在他的生活中延续了6年。这6年，威廉集中研究了美国证券市场的走势与古老数学、几何学和星象学的关系。

6年后，他发现了有关证券市场发展趋势的最重要的预测方法，他把这一方法命名为"控制时间因素"。凭借这一方法，他在金融投资生涯中赚取了5

亿美元，成为华尔街上靠研究理论而白手起家的神话人物。

他叫威廉·江恩，世界证券行业人尽皆知的重要的“波浪理论”的创始人。

成功需要梦想，梦想需要坚持，这是一条最原始也是最简单的真理。需要持之以恒的原因就在于，世上凡是有价值的事情通常都是有一定难度的，不可能一蹴而就，因此只有持之以恒才能完成。

为此，任何一个男孩，你都必须要懂得，任何一种策略，只有坚持才会有价值。也只有坚持到底的人，才能经受机遇的层层筛选，并最终获得它的垂青。

知识窗

威廉·江恩——20世纪最著名的投资家。在股票市场上的骄人成绩至今无人可比。代表作品：《华尔街四十五年》《股票行情的真谛》《华尔街股票选择器》《江恩投资哲学》。

在其投资生涯中，成功率高达80%~90%，他用小钱赚取了巨大的财富，在其五十三年的投资生涯中共从市场上取得过3.5亿美元的纯利。

励志点金石

诺贝尔奖获得者巴斯德曾豪迈地宣称：“告诉你达到目标的奥秘吧，我唯一的力量就是我的坚持精神。”

美国第三十四任总统艾森豪威尔认为：“在这个世界上，没有什么比坚持不懈、不断进取对成功的意义更大。”

丘吉尔说过这样一句话：“成功的秘诀就是：坚持、坚持 、再坚持！”

歌德用激励的语言这样描述坚持的意义：“不苟且地坚持下去，严厉地鞭策自己继续下去，就是我们之中最微小的人这样去做，也很少不会达到目标。因为坚持的无声力量会随着时间而增长，到没有人能抗拒的程度。”

为你支招

为此，男孩，你需要在现实生活中有针对性地磨炼自己的恒心和意志力：

1.告诉自己，做事一定要有始有终

这是一种自我认知上的锻炼，如果你认为自己是个做事虎头蛇尾的人，那么，在日常学习和做事时，你就应该有意地改正，并反复暗示自己："男子汉做事一定要有始有终，否则，就可能造成自己无法承担的后果。""不要这山看着那山高，这样会一事无成。""坚持就是胜利。"长时间下来，你就能培养出持之以恒、认真负责的好习惯。

2.有针对性地"磨炼"

你可以采取一些措施，有针对性地"磨炼"自己的浮躁心理。比如，以下几种活动都能很好地练就人做事坚持的好习惯：练习书法，学习绘画，弹琴，解乱绳结，下棋等。

3.遇到困难，记取教训，改善求进

成功有成功的经验，失败必当有失败的教训，这是不变的真理。在排除外在因素的情况下，如果你失败了，你需要做的第一步就是暂时停下来，思考自己为什么会失败。大剧作家兼哲学家萧伯纳曾经写道："成功是经过许多次的大错之后得到的。"找到了问题出现的原因，你也可以破茧成蝶、振翅翱翔！

总之，在追梦的过程中，男孩，你永远都不要放弃心中的希望，如果遇到困难，就把困难当成人生的考验，不要在困难面前茫然退缩，更不要不知所措、迷失自己，满怀希望地为着自己的梦想而努力，相信终有一天，你会走出低谷、走向光明。

勇敢一点，别被恐惧击倒

适用写作关键词：勇敢　无畏

不敢游泳的卡兰德

有一次，卡兰德在纽约的一个漂亮饭店里，看着善泳的朋友们在阳光下嬉戏，忽然有一种不舒服的感觉涌上心头。卡兰德告诉他们，自己怕晒黑，所以不想下水。朋友们笑着怂恿他：“不要因为怕水，你就永远不去游泳……”

阳光洒在他们水滑、光亮的肌肤上，他们像海豚一样骄傲地嬉戏着，而卡兰德其实并不想躲在没有阳光的阴影里看着他们的快乐。他觉得自己是个懦夫。

一个月后，朋友邀请卡兰德到一个温泉度假中心，他鼓足勇气下水了。卡兰德发现自己没有想象中那么无能，但他不敢游到水深的地方。

“试试看，”朋友和蔼地对他说，“让自己灭顶，看会不会沉下去！”

于是，卡兰德试了一下。朋友说得没错，在意识清明的状态下，想要沉下去、摸到池底还真的不可能。真是奇妙的体验！

“看，你根本淹不死。既然沉不下去，为什么要害怕呢？”

卡兰德若有所悟。从那天起，他不再怕水，虽然目前不算是游泳健将，但游个四五百米是不成问题的。

和卡兰德一样，其实，在困难面前，你也可以克服恐惧。这正如我们通常说的一样："现实中的恐惧，远比不上想象中的恐惧那么可怕。"生活中的男孩们，当你遇到困难时，理所当然，你会考虑到事情的难度所在，如此，你便会产生恐惧，会将原本的困难放大。但实际上，假如你能减少思考困难的时间，并着手解决眼前的困难，你会发现，事情远比你想象中简单得多。那些成功的人士，都是靠勇敢面对多数人所畏惧的事物，才能出人头地的。

知识窗

游泳安全小常识：

不要跳水；

做好充分的热身准备运动再下水；

不要擅自游到深水区；

孩子游泳最好要有大人在旁边带着；

注意游泳时间，游泳时间太长对身体有害。

励志点金石

美国总统罗斯福曾说过一句名言："我们唯一值得恐惧的就是恐惧本身，那会让我们莫名其妙地胆怯，会让我们为前进所付出的努力付诸东流。"

麦克阿瑟在西点军校的演讲中也曾说过这样一句话："不正面面对恐惧，就得一生一世躲着它。"

美国著名拳击教练达马托曾经说过："英雄和懦夫同样会感到畏惧，只是英雄对畏惧的反应不同而已。"

为你支招

既然困难不能凭空消失，那就勇敢去克服吧！那么，男孩，该怎样克服恐惧、战胜困难呢？

1.从小为自己树立理想和目标

这个目标，必须适合你的兴趣、爱好，凡事要学会自己思考，别什么事都去问父母、老师。你无论做出什么决定，相信你都会为之付出努力。久而久之，你就获得了勇气，面对困难，也就勇于去克服，而不是退缩和畏惧。

2.尝试着做一些你曾经不敢做的事

做曾经不敢做的事，本身就是克服恐惧的过程。如果你退缩、不敢尝试，那么，下次你还是不敢，你永远都做不成。只要你下定决心、勇于尝试，这就证明你已经进步了。在不远的将来，即使你遇到很多困难，你的勇气也一定会帮你获得成功。

3.为自己拟定一份"战书"

向自己不敢做的事"下战书"，就是拿过去不敢做的事、曾经畏惧的事情"开刀"，克服自己的心理恐惧，扫除心里的"精神垃圾"，树立起信心。

也许你还有很多过去不敢做的事，那就列个困难清单，并逐个向它们下"战书"，只要做到每天有突破、有进步，总有一天你会把所有的"不敢做"都变成"不，敢做"，那么胆小怯懦的"旧你"就成为自信勇敢的"新你"了，成功就会向你招手。

4.阶段性克服困难

你可以将一个大困难分成几个小困难，逐一解决。也许一个大困难不好解决，而一个又一个小困难却不难克服。当你在不经意间克服了许多小困难后，你会发现，一个大困难也就迎刃而解了。

5.树立信心

欠缺自信的男孩，将终日和恐怖结伴为邻。而越是被恐怖的乌云所笼罩，自我肯定的机会也就越是渺茫。

总之，男孩，你若想成为一个真正的男子汉，就必须从现在起培养自己敢于冒险的精神。

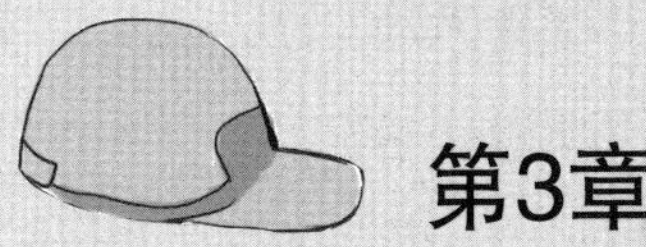

第3章

面对诱惑大声说“不”，做个有眼界的男孩

当今社会，无论哪个领域，诱惑都是存在的。诱惑能对那些意志不坚定的人产生作用，甚至毒害他们的思想。自制对于成长期的男孩也显得尤为重要。在你们的学习和生活中，自制在很多方面都发挥着巨大的作用：它能督促你们去完成应当完成的学习任务；能抑制你们的不良行为。的确，一些人之所以会做那些让自己后悔的事，归结起来，大多是因为自制力薄弱，抵挡不住诱惑，因此做了不该做的事。男孩，要培养坚定自制力，首先要从心里认识到自制的重要，然后才能自觉地培养。只有坚决地约束自己、战胜自己，才能最终战胜困难，取得成功。

稳扎稳打，走好人生的每一步

适用写作关键词：警惕　理智

隐忍的康熙帝

公元1661年，年仅8岁的爱新觉罗·玄烨被推上龙座，他就是万世敬仰的康熙大帝。

玄烨登基之时，尚且年幼，必须由祖母孝庄太后悉心培养、辅佐，但无论如何，他当时的年纪还是无法担负国家大任。当时，令清朝宫廷最头疼的问题是鳌拜，他自恃是小皇帝的辅政大臣，在朝中结党营私、玩弄权术、骄横跋扈，不把小康熙放在眼里，孝庄太后也只好隐忍。当时，年轻气盛的康熙曾几次想把鳌拜绳之以法，但他知道自己与鳌拜实力相差很大，于是，只好先隐忍。因此，康熙把怨气与怒气埋在心里，一直积蓄力量。

终于，康熙皇帝在年满16岁时，也就是1669年，发动攻势，一举剿灭了鳌拜一伙。之后，他又平定“三藩”，收复台湾，击退沙皇俄国的入侵，开创了一代盛世。康熙是我国清朝时期著名的皇帝，他在位时，清朝的政治逐渐稳定，国力逐渐强大。

康熙帝当时还是一个年幼的男孩，如果当时他没有用理智战胜了愤怒，把

怨气压了8年，恐怕早就被鳌拜害死了，哪里还有后来的“康乾盛世”？

知识窗

三藩是指平西王吴三桂、平南王尚可喜、靖南王耿精忠。清廷入关后需要对付李自成起义的力量和南明政府的反抗，明朝的降官是可以借助的力量。但20年后，驻云南的吴三桂、驻广东的尚可喜、驻福建的耿精忠等藩王已经形成很大的势力，与清廷分庭抗礼。康熙十二年（1673年）春，康熙皇帝作出撤藩的决定。康熙二十年（1681年）冬，清军进入云贵省城，吴世璠自杀，历时8年的三藩之乱被平定。

励志点金石

卓别林说：“和拉提琴或弹钢琴相似，思考也是需要每天练习的。”石油大王洛克菲勒曾说：“一切事情，你得亲自去看，并搞清楚它的来龙去脉……盲目下手的人是捞不到好处的。”一个人的意念可以控制调节他的心理状态。自制力，很大程度上表现在意念控制上，其中就包括头脑的清醒与理智。

为你支招

生活中的男孩，年纪轻轻的你在事业上只要敢闯、有冲劲儿，很容易取得一些成就。但是在成就面前，你要记住，无论过去有何等荣誉，都已经成为过去，你现在要做的就是保持清醒的头脑、看清形势并放眼未来，这样，你才能稳扎稳打，走好人生的每一站。

对此，男孩，你需要掌握这方面的两种训练方法：

1.自我暗示

积极的自我暗示的作用在于使自己获得信心，进而提高自制力，而消极的自我暗示则正好相反。自我暗示最好在似睡非睡的状态进行。在你从事紧张活动之前，使自己进入安静舒适、昏昏欲睡的放松状态，然后反复默念一些能建

立信心、给人力量的话，相信一定能起作用。

2.自我激励

无论干什么，全靠自觉。自觉往往指的是自己获得一种动力去积极行动。怎样才能获得动力去积极行动呢？这就要求我们学会自我激励。自我激励即给自己提出任务、自己给自己奖惩、自己命令自己、自己做自己的司令员或指挥员。自我激励的方式有：

（1）制订切实可行的计划，安排好必须做好与可做可不做的事情，然后给自己做出奖惩规定。

（2）写出座右铭，时时勉励自己。

（3）常写日记，在日记中进行自我监督。

（4）口头命令。每当遇困境或身临危急之时，要学会自己指挥自己。通过口头命令，可以组织自身的心理活动，获得精神力量。不妨训练一下，定会受益。

做一个正直的、有原则的人

适用写作关键词：正直　原则

哈佛校长和斯坦福大学

有一天，哈佛大学的校长在办公室工作，一对老夫妇跟秘书打招呼，称自己有事找校长。校长秘书打量了这一对老夫妇，女士穿着一套已经褪色了的棉布衣服，而男士则穿着一套看起来做工很差的西装。秘书根据自己多年的阅人经验断定，这绝对是一对乡下人。奇怪，怎么会和校长有关系呢？

先生轻声地说：“我们想见一见校长。”

秘书很不礼貌地说：“他整天都很忙。”

女士回答说：“没关系，我们可以等。”

几个小时过去了，他们还站在门口等，秘书终于不耐烦了，就跟校长打了个招呼，问要不要请他们进来。秘书向校长保证，这对夫妇应该不会讲很长时间。于是，校长也就不情愿地答应了。

当然，接下来，校长表现得很没有耐心。

女士告诉他：“我们的儿子，是世界上最聪明的年轻人，他曾经有幸在哈佛读过一年，他很喜欢这里，他过得很快乐。但不幸的是，就在去年，他因为意外而死亡，我丈夫和我想要在校园里为他立一纪念物。”

老妇人说这些话的时候，眼里噙着泪水，但这并没有感动高高在上的校

长，相反，他粗声地说：“夫人，我们不能为每一位曾读过哈佛、后来死亡的人建立雕像。如果这样做，我们的校园看起来会像墓园一样。”

女士很快地说：“不是，我们不是要竖立一座雕像，我们想要捐一栋大楼给哈佛。”

校长再次看了看这对穿着朴素的夫妇，他们怎么可能捐一座大楼给哈佛，真是可笑！然后，他吐一口气说：“你们知不知道建一栋大楼要花多少钱？我们学校的建筑物超过750万美元。”

听完校长的话，女士不说话了，而校长很高兴，因为他终于可以把这一对无聊的夫妇打发走了。

随后，女士转身对身旁的丈夫说：“只要750万美元就可以建一座大学？那我们为什么不建一座大学来纪念我们的儿子？”她的丈夫点头同意。而哈佛的校长觉得混淆且困惑。

就这样，斯坦福夫妇离开了哈佛，到了加州，成立了斯坦福大学来纪念他们的儿子。

一个正直的人，应该始终听从心的指引，应该树立正确评价他人的标准，并坚持这个原则。在现实生活中，很多人恰恰与之相反，他们的心异常浮躁，面对着诸多新鲜的事物，他们渐渐找不到自己的位置，把握不住自己内心的标准。

任何一个男孩，在社会生活中，不管干什么，都要有自己的原则。这里的原则既包括办事的方法，也包括为人处世的立场、主见。如果一味地迁就、顺从别人，实际上是软弱的表现。做人不能没有原则。没有了做人的原则，也就没有了衡量对与错的尺度。

知识窗

哈佛大学，简称哈佛，坐落于美国马萨诸塞州剑桥市，是一所享誉世界的私立研究型大学，是著名的常春藤盟校成员。这里走出了8位美利坚合众国总

统，上百位诺贝尔奖获得者曾在此工作、学习，其在文学、医学、法学、商学等多个领域拥有崇高的学术地位及广泛的影响力，被公认为当今世界最顶尖的高等教育机构之一。

励志点金石

马登在《伟大的励志书》中写道：“每个人的一生，都应该有一些比他的成就更伟大，比他的财富更耀眼，比他的才华更高贵，比他的名声更持久的东西。”

为你支招

那么，男孩，该如何做到遵守纪律和坚持自己的原则呢？

1.遵纪守法

“不以规矩，不成方圆。”“规矩”就是生活中的原则，讲求原则是做人做事的一大要素，没有原则性的人，常常会做出一些越位的事情，让人根本无法相信他能承担起重大的社会责任。一个人失去了原则性，便失去了行事的基本标准，同时也失去了内心中是非善恶的衡量标准和良心、道德的准则。男孩，你也应该逐渐学会承担一定的家庭、社会责任，为此，你首先要做到的就是遵纪守法，道德和法律应该是你们做人的基本原则。

2.纪律是原则的重要一部分

作为军队，必须有铁一般的纪律，才有凝聚力和战斗力。每个人在遵守纪律、服从命令的前提下去完成任务，军队才可能战无不胜。生活中的男孩，同样要重视纪律，重视和遵守纪律是一种有原则的表现。无论你处于什么样的集体中，都必须重视集体利益，责任至上，做个刚正不阿的人，如此才能赢得信任，赢得成功。

3.自我约束，不为自己找任何可以违规的借口

自我约束是一种值得特别关注的性格品质，它贯穿于模范地履行职责和个人行为的所有方面。当你具有强烈的纪律意识，在不允许妥协的地方绝不妥协，在不需要借口时绝不找任何借口时，你会猛然发现，你已经成为一个有原则、刚正不阿的人了。

控制欲望，别被诱惑冲昏了头

适用写作关键词：自制　自控

吃糖果的孩子

美国著名的心理学家米卡尔曾经做过一个著名的“糖果实验”。

实验的对象是一群4岁的孩子。米卡尔将他们留在一个房间里，然后发给他们每人一颗糖并告诉他们：“你们可以马上吃掉软糖，但如果谁能坚持到我回来的时候再吃，就能得到两块软糖。”他离开后，大概有百分之三十的孩子因为经受不住糖的诱惑而吃掉了糖；有一部分孩子一再犹豫、等待，最后还是忍不住诱惑，将糖塞进了嘴里吃了；另外一部分孩子却通过做游戏、讲故事甚至假装睡觉等方法抵制诱惑，坚持了下来。20分钟后，实验者回到房间，坚持到最后的孩子又得到了一块软糖。

实验者跟踪研究了14年后，发现两种孩子的差异非常显著。坚持下来、自制能力强的孩子社会适应力较强，较为自信，人际关系也较好，且较能面对挫折，会积极迎接挑战，不轻言放弃。相反，那些自控力差的孩子怯于与人接触，优柔寡断，容易因挫折而丧失斗志，经常否定自己，遇到压力容易退缩或不知所措，更容易嫉妒别人，更爱计较，更易发怒且常与人争斗。这些孩子在中学毕业时又接受了一次评估，结果表明，4岁时能够耐心等待的孩子在校表现更为优异，他们学习能力较好，无论是语言表达、逻辑推理、集中精力，还

是制订并实践计划，还是学习动机等，都比较好。更让人意外的是，这些孩子的入学考试成绩普遍较高；而最迫不及待吃掉糖果的那三成孩子，成绩则最差。

由此，我们可以看到，一个人能否成功，跟他能否控制住自己的欲望有非常密切的关系。古往今来，凡是成功人士，他们往往具有一个共性特质：善于自律，以达到某种目标。现实生活中的男孩，你也将步入五彩斑斓的社会生活中，你的周围也即将充溢着形形色色使人难以抵制的名利诱惑，只有秉持一颗忠诚的心，才能坚持原则，不被诱惑打倒。

知识窗

心理学起源：人类探索自己的心理现象，已有两千多年的历史，所以说它古老。说它年轻，是因为心理学最初并不是一门独立学科，而是包含在哲学中，直到19世纪70年代末，心理学才从哲学中分离出来，成为一门独立的专门研究心理现象的科学。

励志点金石

“上帝要毁灭一个人，必先使他疯狂。”

美国第18任总统格兰特说：“非常情况下能否坚持原则，常常是判断一个人道德水准的重要依据。”

为你支招

那么，男孩，该怎样加强自身的自制力、抵制诱惑呢？

1.结果比较法

就是仿照那些成功人士的思维方式，让自己静下心来，花些时间分析一下：成功失败都是由因及果的。如果我们把心思专门用在学习和工作上，即抵制住诱惑，我们会获得什么结果；如果我们把心思用在别的方面，即抵制不住

诱惑，我们会获得什么后果。我们可以列一个表，在表里我们填上：现在忍耐吃苦的话，将来会获得什么快乐；现在就急于求成的话，将来会承受什么痛苦。比较之下，我们必然能得出正确的结论。

2.强者刺激法

这种方法，需要你首先选定几个你认为已经很成功的人，如比尔·盖茨、戴尔·卡耐基、松下幸之助、李嘉诚、李政道……总之是你崇拜的人，了解一下他们是怎么勤奋工作学习的，学他们是怎么经营自己的本领的。然后再来选定几个你熟悉的与你同一集体或同一行业的，并且已经取得令你们同行人羡慕的骄人成绩的“准成功者”，回顾或观察一下他们是怎么做的。有了这两个行为样本，你就会想到那些人正在干什么，你也就可以自觉取舍了。

3.行为惯性法

比如，我们给自己划定一个比较容易拿得出的固定的时间，规定在这个固定的时间内只能做哪些事情。例如，每天晚上睡前喝一杯牛奶，这是很容易做到的，你的头脑会渐渐地变得愿意执行任务。在习惯之后，你再逐步加入一些难度大的任务，当一切形成习惯之后，自制力也就随之形成了。

总之，失去控制的人生最终会走向失败。只有自制的人，才能抵制诱惑，有效地控制自身，把握好自我发展的主动权，驾驭自我。一个人除非能够控制自我，否则他将无法成功。

学会隐忍，冲动会令你一败涂地

适用写作关键词：节制　约束

刘邦与项羽

楚汉战争之前，以刘邦的实力，根本无法与项羽相抗衡，但刘邦是个善于虚心求教的人。

有一次，高阳人郦食其来拜见刘邦，准备为其献计献策，当他进门时，居然发现刘邦正坐在床边洗脚，于是，他很不高兴地说："假如你想一统江山，消灭无道暴君，就不应该坐着接见长者。"听到这样的斥责，刘邦非但没有生气，反而觉得对方说得很有道理，于是，他赶快穿好鞋子和衣服，起身致歉，并请郦食其坐上座，虚心求教。然后，他按郦食其的意见攻打陈留，成功地将秦积聚的粮食弄到手。

与刘邦的谦虚相反，项羽则是个居功自傲、刚愎自用的人。

一次，一个谋士向项羽进谏，希望项羽能把都城建在关中，但项羽没有听。后来，此人在项羽背后说："人们说'楚人是沐猴而冠'，果然！"这句话很快传到了项羽耳中，项羽便二话不说，将此人杀了。

后来，楚军在进攻咸阳时获得成功，俘虏了很多秦军，只因投降的秦军有些议论，项羽杀心顿起，一夜之间把二十多万秦兵全部活埋，从此残暴之名传闻天下。他怨恨田荣，因此不封他，而立齐相田都为王，致使田荣反叛。他甚

至连身边最忠实的范增也怀疑不用，结果错过了鸿门宴杀刘邦的机会，最后气走范增，成了孤家寡人。

从刘邦身上，男孩，你应该得到启示，做大事者，在条件不利于自己时，就要隐忍，对暂时失败的坚忍，当然，这需要我们有巨大的心理承受力和长远的谋略。

生活中的男孩，现在的你年轻气盛，但请记住：冲动是魔鬼，会让自己一败涂地，从现在起，一定要做到自制，理智思考并控制自己的情绪。

知识窗

鸿门宴是什么历史事件？

鸿门宴，发生在公元前206年，地点在咸阳郊外，主要参与者有当时抵抗秦军的两支队伍的领袖——项羽和刘邦。这次宴会，对后来的刘邦成功和项羽大败有重要影响。

后人也常用“鸿门宴”一词比喻不怀好意的宴会。

励志点金石

1915年西点军校毕业生、美国陆军五星上将奥马尔·纳尔逊·布莱德雷说过：“哪怕是对自己的一点小的克制，也会使人变得强而有力。”“一个能自制的思想，是自由的思想，自由便是力量！有时，为了获得真正的自由，必须暂时尽力约束自己。”

拿破仑·希尔曾说：“我知道，一个人只有先具备了控制自己的能力，才能去控制别人。”

为你支招

男孩，学会控制自己的情绪，克服冲动，收获一种健康心态极为重要，对此，你可以做到：

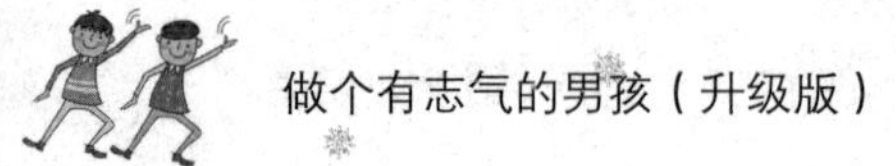

1.转移

将注意力转移到愉快的事情上去。

2.分离

分散你的烦恼，把它们各个击破。不要把这个烦恼与别的烦恼联系起来。不要自寻烦恼，人为地加以放大。具体的烦恼，具体地解决，不要算总账。

3.弱化

减弱你的烦恼，对于非原则的刺激，我们必须学会紧紧地把住闸门，尽可能不听、不看、不感觉、不让它输入。如果输入了，就尽可能不联想、不思考、不记忆。

4.体谅

生气，是因为别人的过错惩罚自己。原谅了别人也就饶过了自己。

5.解脱

就是换一个角度看问题。从更深更广更高更长远的角度来看待问题，对它做出新的理解，以求跳出原有的局限，使自己的精神获得解脱，以便把自己的精力转移到自己所追求的目标上来。如“塞翁失马，焉知非福”，就是经典的解脱思维。

6.升华

利用强烈的情绪冲动，并把它引导到积极的、有益的方向上去，使之具有建设性的意义和价值。

7.抵消

寻求另外一种刺激。如隔壁邻居大声开着音乐，使自己心烦意乱，使用前面的方法无效时，不妨自己打开音响，播放自己喜欢的音乐……

8.利用

把坏事变成好事。一是利用时机和客观条件，二是对情绪本身的利用，把情绪升华成力量。

9.表达

书写，谈心。

随着对情绪的有效管理和利用，相信你会越来越自由，越来越来越潇洒。

约束自己，为自己的行为负责

适用写作关键词：镇静　自控

保罗·盖蒂如何戒烟

保罗·盖蒂是美国的石油大亨，他曾经是个大烟鬼，烟抽得很凶。

曾经有一次，他在一个小城市的小旅馆过夜，半夜的时候，他的烟瘾犯了，就想找一根烟抽，但他摸了摸上衣的口袋，发现是空的。他站起来，开始在包里、外套口袋等地方寻找，可是都没有。于是，他穿上衣服，想去外面的商店、酒吧等地方买。没有烟的滋味很难受，越是得不到，就是越想要，他当时就是很想抽烟。

就在盖蒂穿好了出门的衣服、伸手去拿雨衣的时候，他突然停住了。他问自己：我这是在干什么？

盖蒂站在门口想，一个应该算得上相当成功的商人，竟然在半夜要冒雨、走几条街去买一盒烟？没多会儿，盖蒂下定了决心，把那个空烟盒揉成一团扔进了纸篓，脱下衣服换上睡衣回到了床上，带着一种解脱甚至是胜利的感觉，几分钟就进入了梦乡。

从此以后，保罗·盖蒂再也没有拿过香烟，他的事业也越做越大，成为世界顶尖富豪之一。

约束自己的得失之心，懂得为自己的所作所为负责，即使在无人知晓的情况下仍能自律的人，才能在人生道路上把握好自己的命运，不会为得失越轨翻车。这样的人必能成为真正的强者。因为，真正的强者，他的任何一句话、一个行为都是有力量的，他会结交更多的朋友、减少很多敌人。一个人一旦失去自制，那么可能任何一个人都能轻易地将他打败。这也就是为什么人们常说：“上帝要毁灭一个人，必先使他疯狂。”

生活中的男孩，年轻的你对什么都充满激情，激情是促使你采取行动的重要原动力，但你更需要自制，自制是指引你行动方向的平衡轮。它能帮助你的行动，而不会破坏你的行动。

知识窗

保罗·盖蒂：美国石油商人，1930年，其父死时给了他50万美元。以后20年间他在股市和石油界不断拼搏，扩大自己的势力，1953年因在科威特边境打井成功，不到3年就积蓄了10亿美元，成为了美国首富。以后20年保持这种地位，直到阿拉伯国家把石油收归国有。

励志点金石

俄国作家陀思妥耶夫斯基说：“如若你想征服全世界，你就得征服自己。”

沈从文曾说：“征服自己的一切弱点，正是一个人伟大的起始。”

法国作家巴尔扎克说：“一个年轻人，心情冷下来时，头脑会变得健全。”

为你支招

那么，男孩，你该如何培养自制力呢？

1.认识到自制力的重要

你要培养坚定的自制力，首先要从心里认识到自律的重要，然后才能自觉地培养。只有坚决地约束自己、战胜自己，最终才能战胜困难，取得成功。

2.为自己设立适宜的目标

你的自我期望要建立在符合自己的实际情况、切实可行的基础之上。作为一个男子汉，你应该有理想、有志向，但这种理想和志向，不能是高不可攀的，也不应当是唾手可得的，而应该是通过一定的努力可以实现的适宜的目标，应该符合个人的个性特点和实际能力水平。

3.自制力的培养是一个循序渐进的过程

培养自制力，这是一个循序渐进的过程，因为自制力不可能是一念之间产生的，也不是下定决心就可以立时形成的，其形成需要一个过程。如果你给自己规定从明天开始就要好好学习，一旦达不到目标，你就会产生挫折感和无能感，丧失改变自己的信心。所以，对于自制力的形成，不要期望一蹴而就。

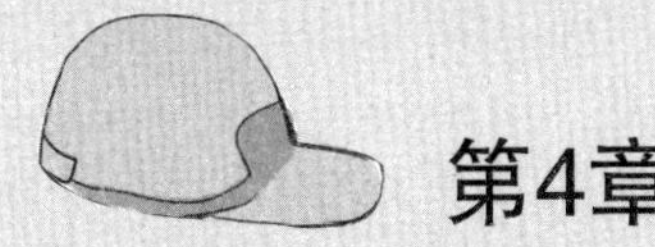

第4章

成长不依赖他人，做独立自主的男孩

当今社会，我们不得不承认这样一个事实，随着物质文化生活水平的提高，很多男孩都过着衣来伸手、饭来张口的生活，什么都由父母包办。他们凡事找父母，有强烈的依赖性，认为万事万物得来全不费功夫。很明显，这样的男孩很难成长为真正的男子汉。每个男孩都必须明白，自己的路必须自己走，求人不如求己，你必须拒绝依赖，学会独立思考、独立解决问题，只有自立自强，才会成为一个真正的男子汉！

人生这场戏，全靠自己演绎

适用写作关键词：自强　努力

爬台阶的小林肯

曾经有个一周岁左右的小男孩，一次被年轻的妈妈牵着小手来到公园的广场前。这个广场上，有个几级阶梯的台阶，母亲原本准备牵着小男孩上台阶，但没想到的是，这个小男孩居然挣开了母亲的手，要自己爬上去。

然而，台阶实在太高了，当他爬了几个台阶以后，他觉得很害怕，就回头看看妈妈，结果妈妈还是站在原地，没有要抱他的意思，只是给了他一个鼓励的眼神。于是，他回过头来，继续爬，尽管很吃力，但他手脚并用，最终还是爬上去了。直到这时，年轻的妈妈才过去将儿子抱起来，并在儿子的脸蛋上狠狠地亲了一口。

这个小男孩，就是后来成为美国第16届总统的林肯。他的母亲便是南希·汉克斯。

林肯出生在一个贫困的家庭，父亲是个农民，林肯接受过的正规教育的时间，加起来还不到一年，但他热爱知识、努力、上进、正直。没有好的学习条件，他就自己创造，他曾用小木棍在地上写字，他不放过任何一个学习的机会。后来，林肯做过很多工作，当过工人，当过律师，也失业过。他从29岁起，开始竞选议员和总统，前后尝试过11次，失败过9次。在他51岁那

年，他终于问鼎白宫，并取得了辉煌的业绩，被马克思称为“全世界的一位英雄”。

母亲南希在林肯9岁那年不幸病故。但毫无疑问，她用坚强而伟大的母爱抚养了林肯，使他勇敢而坚定地走向未来。

其实，生活中每个男孩的成长过程都像走楼梯的台阶，随着时间的推移，你走过的台阶会越来越多。显而易见，如果家长牵着、搀扶着你走，你就会逐渐产生依赖性，最终只知道把父母当成拐棍，而难以自立。如果你被父母抱着上台阶，那么，你就会成为“抱大的一代”，不经风雨，不见世面，更难立足于社会。

知识窗

亚伯拉罕·林肯，出生于1809年，曾任美国第16任总统，是美国人敬仰的政治家、思想家，1865年遇刺身亡。与乔治·华盛顿、富兰克林·罗斯福被公认为美国历史上最伟大的三位总统。在他任职后不久，南部的一些州就发动了分裂国家的战争，对此，林肯坚决反对。正是这位出身卑微的美国总统，毫不犹豫地领导人民拿起武器，维护了国家的统一。

励志点金石

子女中那种得不到遗产继承权的幼子，常常会通过自身奋斗获得好的发展。而坐享其成者，却很少能成大业。——培根

滴自己的汗，吃自己的饭。自己的事情自己干，靠人靠天靠祖上，不算是好汉。——陶行知

为你支招

那么，男孩，你该如何从现在起就经营自己的人生呢？

1.培养自己的独立自主能力

你应该在生活中照顾自己，遇到困难时，也不要总是想着求助于父母，当然，有些问题你也可以寻求父母的指导。

2.多与人交往

你应该与开朗活泼的同龄人交往，并参加力所能及的社会公益活动。借助家庭、学校、同龄的伙伴、亲朋好友的作用，为自己提供良好的社交平台。

3.为自己树立一个华丽的梦想

心存梦想，力争上游的人，他的每一天都是积极的，长此以往，必定有不凡的成就。

我们不能否认人的智力有差别，但对于大部分人来说，人们之间的差异并不大。如果我们能为自己树立一个华丽的梦想，并以高标准来要求自己，那么，即使你不会成为人们敬仰的伟人，至少你的人生也会因此而闪亮。

因此，为梦想努力吧。假如你是学生，为分数而努力学习，你就会得到分数；而如果为充实自己、为求知读书，除了得到分数外，你还会获得知识和成长。假如你是商人，为了挣钱而做生意，你的努力会帮你实现财富梦；为了事业而做生意，除了财富外，你获得的还有为之打拼的快乐。

总之，每个男孩都需要记住一点，每个人的人生都如同一个舞台，能否演好自己的角色，关键还看你自己。

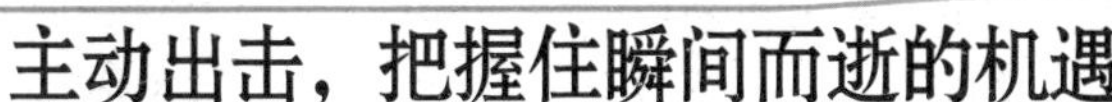

主动出击，把握住瞬间而逝的机遇

适用写作关键词：主动　杰出

学驾驶的留学生

有个中国留学生，在快毕业的时候，他带着自己的简历四处找工作。这天，他在唐人街买了一份报纸，报纸上刊登了一条招聘信息：澳洲电讯公司正在招人，年薪5万。这位留学生心动了，并且，他的条件完全符合，因此，他满怀信心地前去应聘。很快，他就在众多应聘者中脱颖而出。

留学生原以为会马上签约，但谁想到，招聘主管居然问了一句："你有车吗？你会开车吗？我们这份工作时常外出，没有车寸步难行。"这句话把留学生问傻了，因为他既不会开车，也没有车，但他也明白，这名主管提出的问题是很合理的，因为，在澳大利亚，公民普遍拥有私家车，无车者寥若晨星。为了争取这个极具诱惑力的工作，他不假思索地回答：

"有！会！"

"4天后，开着你的车来上班。"主管说。

4天？时间也太仓促了，但这名留学生很快想到了办法。他在华人朋友那里借了500澳元，从旧车市场买了一辆外表丑陋的"甲壳虫"。

第一天他跟华人朋友学简单的驾驶技术；第二天他在朋友屋后的那块大草坪上模拟练习；第三天他开着车歪歪斜斜地上了公路；第四天他居然驾车去公

司报了到。时至今日，他已是“澳洲电讯”的业务主管了。

很多人遇到留学生这种情况时，可能会自动放弃应聘机会，因为不会开车。可这位留学生则不同，他的这种思维方式很值得现在的年轻人学习。

“机遇是留给那些有准备的人的”，但同时，机遇也是需要我们主动创造的。那些甘于沉沦和平庸的人最终会沉沦和平庸下去，而那些主动执行、善于创造机会的人，则从最平淡无奇的生活中找到一丝微弱的机会，他们用自身的行动改变了他们的处境。

生活中，一些十几岁的男孩们，他们总是感慨，感慨自己似乎总是与“优异者”无缘，他们没有较好的学习成绩，不是名校的学生，参加各类竞赛也都是垫底者……实际上，他们这是在坐等上天的垂怜，一味守株待兔，只会让机遇从身边溜走，梦想也随之成为泡影。

知识窗

唐人街也被称为华埠或中国城（Chinatown），是华人在其他国家城市地区聚居的地区。唐人街的形成，是因为早期华人移居海外，成为当地的少数族群，在面对新环境时需要同舟共济，便群居在一个地带，故此多数唐人街是华侨历史的一种见证。

励志点金石

好花盛开，就该尽先摘，慎莫待美景难再，否则一瞬间，它就要凋零萎谢，落在尘埃。——莎士比亚

运气对一个人派职、跟随有影响力的人工作、在适当的时间处于适当的地点等方面都起着重要的作用。——艾森豪威尔

为你支招

机遇无处不有，无处不在，关键是看你能否把握住它。偶然的机会只对那些勤奋工作的人才有意义。成功的秘密在于，当机遇来临的时候，你已经做好了把握住它的准备。时刻准备着，当机会来临时，你就成功了。为此，男孩们，你们需要做到：

1.为自己制订一个合理目标

人生不能没有目标，如果没有目标，你就会像一艘黑夜中找不到灯塔的航船，在茫茫大海中迷失方向，只能随波逐流，达不到岸边，甚至会触礁而毁。生活中，我们只有树立明确的目标，投入实际的行动，才能收获成就感和满足感。

2.为目标制订合理的计划

计划是为实现目标而需要采取的方法、策略，只有目标，没有计划，往往会顾此失彼，或多费精力和时间。

3.广结善缘，为自己赢取机遇

一个篱笆三个桩，一个好汉三个帮，这是人们从古至今在生活中得出的宝贵经验。要想成就一番大事，必须靠大家的共同努力。在现在这个竞争激烈的环境中，只靠一个人打拼天下是不现实的，我们必须要有与人团结合作的精神，才能够发挥集中的优势，在事业上取得成功。

总之，男孩，你需要明白的是，机遇是个挑剔的女神，只垂青于肯动脑筋、爱用智慧的经营者。没有全面的素质和一双洞察机遇的眼睛，又怎么能够开启成功创富的慧泉呢？

男孩要独立，别让依赖变成障碍

适用写作关键词：自立　独立

自己挣钱的外国孩子们

在德国，只要孩子满了18岁，很多父母就会断了孩子的生活费，这些孩子大都自己打工挣钱，至于挣多少、怎么花，父母也是不干涉的，当然，对于一些花销较大的、孩子自己已经无法承担的事，如考驾照，父母也会帮孩子分担一部分。

在北欧的挪威，打工的孩子也很多，他们挣的钱更是不少，有的孩子能用自己打工的钱去国外旅游一圈再回来。比如，在他们高中时，就可以一边打工，一边上学，等到放暑假或者寒假，他们就会拿这部分钱去旅游。他们要么是去饭馆端盘子、刷碗，要么是给人送报纸等。

而在美国的芝加哥，这个美国首富地区之一，依然有很多打工的孩子。比如，曾经有记者看到，一个炎热的夏日里，有3个七八岁的孩子在路边卖一毛钱一杯的柠檬汁。而在路边的大树下，一位中年妇女躺在那里，看样子，那是孩子们的母亲。每当小孩子们又赢得了一位路过的顾客，他们便会大声地向那中年妇女喊道："妈妈，又是一毛钱！"眼睛里闪着兴奋与骄傲的孩子们，当天下午已经赚了两块多钱。这位妈妈不但为孩子们创造了一个真实的游戏，同时也从一个小的侧面教会了孩子金钱与工作的关系。

据美国媒体报道，很多孩子，包括前总统奥巴马的女儿萨莎和玛利亚，都通过帮忙做家务赚取一周的零用钱。奥巴马说，他只给自己的两个女儿（当时一个7岁、一个10岁）每人每周一美元，作为她们做家务的报酬，这些家务包括布置餐桌、清洗碗盘等。

从以上这些事例中，我们可以看到，很多西方国家让孩子自己挣钱，这是让孩子从小形成独立的能力和合理的消费习惯的有利办法。从这些国外孩子的生活方式中，男孩们自己也应该获得启示，凡事靠自己，形成独立的性格，才能真正成长为顶天立地的男子汉。

知识窗

多食柠檬的好处：

柠檬味酸，却是最有药用价值的水果之一，因为它富含各种微量元素，比如，维生素C、钙、磷、铁、维生素B_1、维生素B_2等，对人体十分有益。但需要注意的是：柠檬一般不生食，而是加工成饮料或食品。如柠檬汁、柠檬果酱、柠檬片、柠檬饼等，可以发挥同样的药物作用，如提高视力及暗适应性，减轻疲劳等。

励志点金石

为了成功的生活，少年人必须学习自立，铲除埋伏各处的障碍，家庭要教养他，使他具有为人所认可的独立人格。——戴尔·卡耐基

我们虽可以靠父母和亲戚的庇护成长，依赖兄弟和好友，借交友的扶助，因爱人而得到幸福，但是无论怎样，归根结底人类还是依赖自己。——歌德

为你支招

那么，男孩们，该怎样靠自己的努力克服依赖性格呢？

1.要充分认识到依赖心理的危害

这就要求你纠正平时养成的习惯，提高自己的动手能力，不要什么事情都指望别人，遇到问题要做出属于自己的选择和判断，加强自主性和创造性。学会独立地思考问题，要有独立的思维能力。

2.要破除习惯性的依赖

很多人的依赖行为已成为一种习惯，对此，首先必须破除这种不良习惯。你可以查一下自己的行为中哪些是习惯性地依赖别人去做，哪些是自做决定的。可以每天做记录，记满一个星期，然后将这些事件分为自主意识强、中等、较差三等，每周一小结。

3.独立解决问题

依赖性是懒惰的附庸，而要克服依赖性，就得在多种场合力求自己的事情自己做。因此，生活中，你再也不要让家长当你的贴身丫鬟了，也不要让家长帮你安排所有事。比如，独立地解一道数学题，独立地准备一段演讲词，独立地与别人打交道等。

4.要增强自控能力

对自主意识强的事件，以后遇到同类情况时应坚持做。对自主意识中等的事件，应提出改进方法，并在以后的行动中逐步实施。对自主意识较差的事件，可以通过采取提高自我控制能力来提高自主意识。

怀揣自信，坚定地走自己的路

适用写作关键词：自信　激励

奋起直追的凯斯特

凯斯特是一名普通的汽车修理工，生活虽然勉强过得去，但离自己的理想还差得很远，他希望能够换一份待遇更好的工作。

有一次，他得知底特律一家汽车维修公司在招工，便决定前去试一试。他星期日下午到达底特律，面试的时间是在星期一。晚饭后，他一个人坐在旅馆房间内，也睡不着，辗转反侧想了很多。突然间，他感到一种莫名的烦恼：自己并不是一个智商低下的人，为什么至今依然一无所成，毫无出息呢？

他取出纸笔，写下了这些年来自己好友的名字，这些人薪水比自己高、工作比自己好。其中两位曾是他的邻居，现在已经搬到高级住宅区去了，另外两位是他以前的老板。他问自己，难道自己不如他们吗？到底哪里不对？经过很长时间的反思，他终于悟出了问题的症结——自己性格方面的缺陷。在这一方面，他不得不承认比他们差了一大截。

虽然已是深夜3点钟了，他还是睡不着，他发现自己有很多缺点，如爱冲动、自卑，不能平等地与人交往等。

整个晚上，他都坐在那儿自我检讨。他发现，自从懂事以来，自己就是一个极不自信、妄自菲薄、不思进取、得过且过的人；他总是认为自己无法成功，也从不认为能够改变自己的性格缺陷。

于是，他痛下决心，一定要改正。第二天早晨，他满怀自信地前去面试，顺利地被录用了。在他看来，之所以能得到那份工作，与前一晚的感悟以及重新树立起的这份自信不无关系。

在走马上任的两年内，凯斯特逐渐建立起了好名声，人人都认为他是一个乐观、机智、主动、热情的人。在后来的经济不景气中，每个人的情绪因素都受到了考验。而此时，凯斯特已是同行业中少数可以做到生意的人之一了。

男孩们，你们还处于青少年阶段，人生的旅程才刚刚开始，你们也应该把自己历练成一个自信、勇敢的男子汉。我们发现，那些成功者在成功前，都曾受到过冷落和轻视，但是自信的他们能够看淡这一切，继续走自己的路。没有人不是经过一番努力才获得成功的；“天下没有白吃的午餐”，天下更没有“不劳而获”的事情，重要的是，你要有自信，并且坚持下去。

知识窗

世界上第一台汽车是什么时候生产的？

世界公认的汽车发明者是德国人卡尔·佛里特立奇·奔驰。他在1885年研制出世界上第一辆马车式三轮汽车，并于1886年1月29日获得世界第一项汽车发明专利，这一天被大多数人称为现代汽车诞生日，奔驰也被后人誉为“汽车之父”。

励志点金石

美国自然科学家、作家杜利奥提出：“没有什么比失去热忱更使人觉得垂垂老矣。”

心理学家曾指出：“乐观能使人们处于放松、自信的状态，能使人们看到积极、阳光的一面，并发现新的一面，而不是自暴自弃或怨天尤人。”

为你支招

1.看到自己的长处

一般情况下，每个人都是根据他人对自己的评价和将自己与他人做比较来认识自己的长处和短处的。有的人，在与他人比较的过程中，多习惯用自己的短处与他人的长处相比较。结果，越比较越觉得自己不如人，越比越泄气。只看到自己的不足，而忽视自己的长处，久而久之就会产生自卑感。

2.理性地看待别人对你的批评

对待别人的批评，我们要采取理性的态度，因为别人批评你是免不了的。如果你对别人的批评很在意，心里就会很难过；如果你理性、坦然地接受，心情反而会坦然。

3.自我激励

人的自信是一种内在的东西，需要由你个人来把握和证实。所以，在建立自信的过程中，一定要学会自我激励。比如，在遇到重要的事情，需要鼓起勇气来面对时，你可以说："我是自信的，我有实力，我的专业能力是最棒的！"

这样可以增强自己内在的信心、激发自己内在的力量，从而成功地达到你的目的。当然，这种激励只是一种临时的办法，要想长期在自己的内心建立自信，需要不断地激励自己，直到形成习惯。

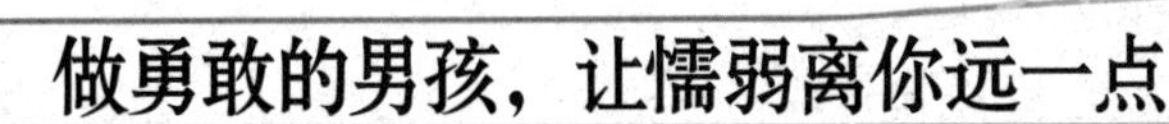

做勇敢的男孩，让懦弱离你远一点

适用写作关键词：勇气　战胜自己

推开那扇门

一天，某公司总经理突然宣布一条纪律：八楼那个挂着牌子的房间谁也不许进，谁进谁就会被炒鱿鱼。这可是事关职场命运的事，谁也没有多问，都遵守着这条令人感到奇怪的纪律。

三个月后，公司还和往常一样，招进了一批新员工，并且，总经理把这条纪律重申了一遍。其中有个年轻人很好奇，便随口问了一句："为什么？"

总经理听到后也没有表现出很生气的样子，只是态度严肃地说："没有为什么！"

从这件事以后，这个年轻人的大脑里一直有个解不开的问题——为什么总经理不让大家进八楼那个房间呢？难道有什么秘密吗？尽管周围的同事告诉他不要多想，只管做好自己的工作就好，可是他的好奇心一直告诉他一定要去看看。

这天中午，趁着大家休息之时，他一个人爬上了八楼，然后轻轻地叩了叩那扇门，无人应答的情况下，他悄悄走进去，发现桌子上放着一个纸牌，上面用毛笔写着几个醒目的大字——"请把此牌送给总经理"。

年轻人很快明白了总经理的用意，然后他立即拿起纸牌，直奔总经理办公

室。当他自信地把纸牌交到总经理手中时，虽然已经有了心理准备，但还是因为总经理的突然任命感到吃惊：“从现在起，你被任命为销售部经理助理。”

果然，这个年轻人没有辜负总经理的期望，他把公司的销售做得红红火火，并很快被提升为销售部经理。

其实，很多成功的门都是虚掩着的，只有勇敢地去叩开它，大胆地走进去，才能探寻出个究竟来。或许，那时呈现在你眼前的真的就是一片崭新的天地。毕竟，勇气是成功的前提。敢于破禁区者，必有意想不到的收获。男孩，也许你认为自己现在还小，经受不住摔打，还需要父母的呵护——这种想法是荒谬的。缺乏探索、进取精神的心态会削弱你的意志，产生不健康的心理影响。因为，一旦失去勇气，人的精神就会彻底瓦解。

知识窗

“炒鱿鱼”这个词，是形容职员被辞退、解雇，甚至开除。“炒鱿鱼”来源于旧社会，旧社会的人被解雇后只能卷铺盖走人，但不知什么时候开始，人们忽然从“炒鱿鱼”这道菜中发现，在烹炒鱿鱼时，每块鱼片都由平直的形状慢慢卷起来成为圆筒状，这和卷起的铺盖外形差不多，而且卷的过程也很相像。人们由此产生了联想，就用“炒鱿鱼”代替“卷铺盖”，也就是表示被解雇和开除的意思。

励志点金石

西奥多·罗斯福，原本也是自卑的人，他曾这样描述过自己：“有一次，我读到一本书，这本书中写了一个人怎样克服自己恐惧的方法——人们可以装作不害怕的样子，时间一长，假的就不知不觉变成真的了。我觉得很有道理，因为那时候我真的很害怕很多东西，后来我假装不害怕，时间长了，没想到我真的不怕了。我想，人们只要愿意，可能都会有这样经验的。”詹姆士对此也有同感，他说：“这样，英雄气概就会取懦夫之怯而代之。”

为你支招

要克服畏惧、培养勇气，你可以这样做：

1.积极的心理暗示

“让我再试一试”，你应该这样暗示自己，要试出好的结果，就要装出非常勇敢、无所畏惧的样子，而且全身心地表现出来。

2.为自己树立榜样，鼓励自己

你可以通过学习英雄人物的事迹，用英雄人物勇敢顽强的精神激励自己的勇气。在平时的训练和生活中，你要有意识地在艰苦的环境下磨炼自己，培养勇敢顽强的作风。这样，即使日后真正陷入危险情境，也不会立即变得惊慌失措，而是会沉着冷静，机智应付。

3.加强心理训练，提高各项心理素质

比如：模拟危险情境，设置各种可能遇到的情况，进行有针对性的心理训练，形成对危险情境的预期心理准备状态。如此，就能够有效地战胜紧张和不安等不良情绪，提高心理适应和平衡性，增强信心和勇气，以无畏的精神克服恐惧心理。

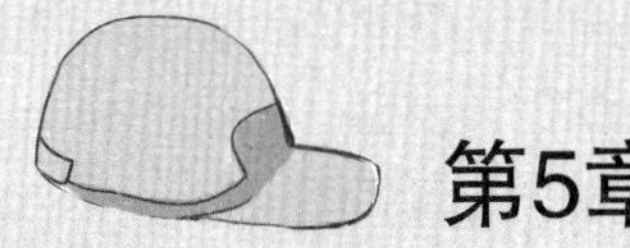

第5章

在心中播种梦想，做个不甘平庸的男孩

有人说：“信仰就像一盏明灯，能指引我们朝着正确的方向前进。”其实，我们每个人，也包括成长期的男孩，你也应该有自己的梦想，而你现阶段的学习也正是为了实现自己的梦想。但前提是，你要具备敢想这种品质，如此一来，不管你现在是不是一个学习成绩优异、深受父母与老师喜爱的学生，你都可以完善自己，你也能把“不可能”变成“可能”，你也可以成为一个成功的人。

有梦想的人生才有价值

适用写作关键词：梦想　志向

只要你们想，你们也能飞起来

许多年前，一位劳苦的牧羊人领着两个年幼的儿子以替别人放羊来维持生计。一天，他们赶着羊来到一个山坡，这时，一群大雁叫着从他们的头顶上飞过，并很快消失在远处。牧羊人的小儿子问他的父亲："大雁要往哪里飞？""它们要去一个温暖的地方，在那里安家，度过寒冷的冬天。"牧羊人说。他的大儿子眨着眼睛羡慕地说："要是我们也能像大雁一样飞起来就好了，那我就要飞得比大雁还要高，去天堂，看妈妈是不是在那里。"小儿子也对父亲说："做个会飞的大雁多好啊！那样就不用放羊了，可以飞到自己想去的地方。"

牧羊人沉默了一下，然后对两个儿子说："只要你们想，你们也能飞起来。"两个儿子试了试，并没有飞起来。他们用怀疑的眼神看着父亲。

牧羊人说，让我飞给你们看，于是他飞了两下，也没飞起来。牧羊人肯定地说，我是因为年纪大了才飞不起来，你们还小，只要不断努力，就一定能飞起来，去想去的地方。

儿子们牢牢记住了父亲的话，并一直不断地努力。他们长大以后果然飞起来了——他们发明了飞机，他们就是美国的莱特兄弟。

哲人说过，“梦想指引我们飞升”。有梦想的人生才是完整的。现代社会，很多父母望子成龙，为了让孩子少走人生弯路，当孩子很小的时候，他们就为孩子编织了美丽的人生梦。而这些孩子，除了每天学习知识外，对于自己的人生、事业，似乎都有点畏首畏尾，不敢下决心。即使有自己的梦想，也因为害怕失败而不敢尝试。长此以往，他们也只能庸庸碌碌地过完自己的一生。

梦想具有无穷的力量。梦想也会给我们带来快乐，只要你追随自己的天赋和内心，你就会发现，你的生命被赋予了更高的意义，你不会再是消磨光阴，而是在让时间闪闪发光，奋斗对你而言，也成为最快乐的事。

知识窗

莱特兄弟指的是奥维尔·莱特（1871年8月19日—1948年1月30日）和威尔伯·莱特（1867年4月16日—1912年5月12日）这两位美国人，发明家，飞机的发明者。世人一般认为他们于1903年12月17日首次完成完全受控制、附机载外部动力、机体比空气重、持续滞空不落地的飞行，并因此将发明了世界上第一架飞机的成就归功于他们。

励志点金石

想着成功，看看成功，心中便有一股力量催促你迈向期望的目标，当水到渠成的时候，你就可以支配环境了。——贝尔

人的活动如果没有理想的鼓舞，就会变得空虚而渺小。—— 车尔尼雪夫斯基

命运是一件很不可思议的东西。虽人各有志，往往在实现理想时会遭遇到许多困难，反而会使自己走向与志趣相反的路，而一举成功。我想我就是这样。—— 松下幸之助

为你支招

男孩，你需要明白以下三点：

1.对自己要有信心

很多时候，不是因为有些事情难以做到，而是你没有信心，只要你有信心，没有什么事是不能做到的。把“不可能”从你的词典中删去吧，即使我们真的碰到了“不可能”，我们也应该这样想：“不是不可能，只是暂时还没有找到解决问题的方法。”在成功者的眼里，越是不可能做成功的事，越可能成功。

2.敢于想象，编织梦想

任何一个人要想成功，就必须敢于想象，敢于想象自己成为一个什么样的人。如果现在的你每天对着书籍和课堂都浑浑噩噩，那么，你就只能注定是一个浑浑噩噩的人。

3.下定决心，付诸行动

成功的第一个秘诀就是要下定决心。当一个人决定一定要成功的时候，他的潜能才可以真正被激发出来。否则，即使你的理想再超前，行动也始终是滞后的。也就是说，男孩们，你要认识到，如果你有理想、有信念，你就必须从现在开始，找准自己前进的方向，并脚踏实地地去为自己的理想奋斗！

男孩，让你的人生多些可能性

适用写作关键词：无限　雄心勃勃

耀眼的“铁娘子”

20世纪30年代，英国一个不出名的小镇里，有一个叫玛格丽特的小姑娘，自小就受到严格的家庭教育。父亲经常向她灌输这样的观点：无论做什么事情都要力争一流，永远做在别人前头，而不能落后于人。即使是坐公共汽车，她父亲也要求她坐在前排

正是因为从小就受到父亲的“残酷”教育，才培养了玛格丽特积极向上的决心和信心。在以后的学习、生活或工作中，她时时牢记父亲的教导，总是抱着一往无前的精神和必胜的信念，尽自己最大努力克服一切困难，做好每一件事情，事事必争一流，以自己的行动实践着“永远坐在前排”。

玛格丽特上大学时，学校要求学五年的拉丁文课程。她凭着自己顽强的毅力和拼搏精神，硬是在一年内全部学完了。令人难以置信的是，她的考试成绩竟然名列前茅。

其实，玛格丽特不光是学业上出类拔萃，她在体育、音乐、演讲及学校的其他活动方面也都一直走在前列，是学生中凤毛麟角的佼佼者之一。当年她所在学校的校长评价她说：“她无疑是我们建校以来最优秀的学生，她总是雄心勃勃，每件事情都做得很出色。”

正因为如此，四十多年以后，英国乃至整个欧洲政坛上才出现了一颗耀眼的明星，她就是连续四年当选保守党领袖，并于1979年成为英国历史上第一位女首相，雄踞政坛长达11年之久，被世界政坛誉为“铁娘子”的玛格丽特·撒切尔夫人。

从这个故事中，我们可以发现，一个人的行动是受理想支配的。为此，还在学校学习的男孩，你也要大胆地编织自己的梦想，让自己的理想超前一些，如此，你的行动就会领先一步，你才能找到学习的动力。心存梦想，力争上游的人，他的每一天都是积极的，长此以往，必定有不凡的成就。

知识窗

玛格丽特·希尔达·撒切尔，英国政治家，第49任英国首相，1979—1990年在任，她是至今为止英国唯一一位女首相，也是自19世纪初利物浦伯爵以来连任时间最长的英国首相。她的政治哲学与政策主张被通称为“撒切尔主义”，在任首相期间，对英国的经济、社会与文化面貌做出了既深且广的改变。

励志点金石

年轻人啊，热爱理想吧，崇敬理想吧。理想是上帝的语言。高于一切国家和全人类的，是精神的王国，是灵魂的故乡。——马志尼

追求理想是一个人进行自我教育的最初的动力，而没有自我教育就不能想象会有完美的精神生活。我认为，教会学生自己教育自己，这是一种最高级的技巧和艺术。——苏霍姆林斯基

一种理想，就是一种力。——罗曼·罗兰

为你支招

1.敢于为自己编织梦想

梦想是人前进的动力，任何一个人要想成功，就必须敢于为自己编织梦想。如果没有梦想，你的人生就没有方向，你就只能每天对着书籍和课堂浑浑噩噩。

2.树立志向要适宜

你的自我期望要建立在符合自己的实际情况、切实可行的基础之上。男孩，你应该有理想、有志向，但这种理想和志向，不能是高不可攀的，也不应当是唾手可得的，而应该是通过一定的努力，可以实现的适宜的目标，应该符合个人的个性特点和实际能力水平。

这个目标，必须适合你的兴趣，爱好，凡事要学会自己思考，别什么事都去问父母、老师，相信你无论做出什么决定，你都会为之付出努力。

3.着眼于当下订立目标

你的目标不能太空，为此，制订计划时不要超过你的实际能力范围，而且内容一定要详尽。

比方说，如果你想学习英语，那么你不妨制订一个学习计划，安排星期一、星期三和星期五下午5:30开始听20分钟的英语，星期二和星期四学习语法。这样一来，你每个星期都能更实在地接近、实现你的目标。

总之，男孩，虽然现阶段的你还处于学习阶段，但要获得学习的动力，你还是要树立梦想和目标。如果你想成为什么样的人，你首先要敢于为自己编织梦想。

做一个敢于做梦、敢于摘星的人

适用写作关键词：成就　聪敏

成功从有梦开始

早川德次是日本著名的早川电机公司的董事长，这家公司因为生产著名的夏普电视机而闻名于世，而早川德次却是一个命运坎坷的人。在他小学二年级时，他的父亲就去世了，他不得不去一家首饰加工店当童工。

早川是个坚强的人，在他很小的时候，他就告诉自己："即使我没有疼爱我的长辈，我也一定要努力生活，做出一番成绩来。"

童工生活是辛苦的，他在首饰店每天的工作除了烧饭带孩子就是干一些体力活。时间过得很快，一晃四年过去了，有一次，小早川终于鼓起勇气向老板提出："老板，请您教我一些做首饰的手艺好吗？"

老板一听，生气地对他说："小孩子，你能干什么呢？你喜欢学的话，自己去学好了！"

早川一想，是啊，为什么要靠别人，自己去学吧。于是，从那以后，他开始留心店里的技术活，尤其是当老板找他帮忙时，他都尽量多看、多想，这样，他终于靠自己的努力学到了一些关于工作上的知识和技能。

功夫不负有心人，他成为了一个心灵手巧的人。18岁，他就发明了裤带用的金属夹子，22岁时，他发明了自动笔。这种自动笔很受大众喜爱，风行一

时。他有了发明，老板便资助他开了一家小工厂。

世界没有给他任何东西，他却给世界很多。30岁时，在他赚到1000万日元以后，就把目标转向收音机界，设立了早川电机公司。

早川德次为什么能够成功？因为他有梦想，也能够从零学起，能把梦想归于实践。并不是大多数人命里注定不能成为大人物，而是他们从来没有想过成为那样伟大的人物！是想要，还是一定要？一个人“不是一定要”的时候，连小石头都可挡住他的去路；但是对于“一定要”的人，再大的障碍都挡不住他想要的结果！

的确，男孩，你也要记住，信念上超前一些，行动就会领先一步，成功的概率也就更大一些。成功的秘诀就是，当你渴望成功的欲望就像你需要空气的愿望那样强烈的时候，你就会成功。

知识窗

早川德次（1893年11月3日—1980年6月24日），出生于日本关东地区，夏普公司创始人。早川德次小时便流浪于街头，几乎尝尽了人间所有的苦难与辛酸。在这样的逆境中，他自强自立、勇于创业，成长为世界一流企业巨子，其奋发图强、开拓进取的精神，是人间底层劳苦大众成就事业的典范，是社会历史不断发展、自我完善的动力。

励志点金石

没有理想，就达不到目的；没有勇敢，就得不到东西。——别林斯基

青年人的特点在于他们抱有做理想事业的宏大志愿。——加里宁

神圣的工作在每个人的日常事务里，理想的前途在于从一点一滴做起。——谢觉哉

为你支招

人生要有一个为之奋斗的目标，即便处于学习阶段，男孩也要有近期目标、中远期目标和最终目标。你要知道下一步该怎么走，才会最充分地利用好宝贵的时间。树立远大的理想，一经确认，便奋不顾身地向它前进，为它奋斗，这可以成为支撑你学习的精神支柱。为此，你需要做到：

1.不要把眼光局限于成绩上

当前一些男孩因为长时间受到父母短视、片面地教育——“我们什么都不要你做，你把书读好就行了”，而导致其人格与思维上的发展受到局限。

男孩，你应该告诉自己要成为一个有远见和理想的人，多关注社会、国家，你的思维就会慢慢变得开阔起来。

2.多参加生活实践

思维和现实之间的差距就在于实践，再美好的思维理想，如若不付诸行动，也如痴人说梦。这一点，应该落实到生活的细节上。只有体会到实施的难度，才能检验思维的成熟度。

3.立即行动，勤奋才能产生行动

我们都知道勤奋和效率的关系。在相同条件下，当一个人勤奋努力工作时，他所产生的效率肯定会大于他懒散工作的状态。高效率的工作者都懂得这个道理，所以，他们能够实现别人达不到的目标。

人生不会重来，努力做好现在

适用写作关键词：奋斗　学习

拿破仑·希尔

全世界最早的现代成功学大师和励志书籍作家、曾经影响美国两任总统及千百万读者的成功学大师的拿破仑·希尔深知成功就是一连串的奋斗。对此他特意讲了一个故事：

“我最要好的朋友是个非常有名的管理顾问。一走进他的办公室，马上就会觉得自己‘高高在上’似的。办公室内各种豪华的摆设、考究的地毯、忙进忙出的人潮以及知名的顾客名单都在告诉你，他的公司的确成就非凡。但是，就在这家鼎鼎有名的公司背后，藏着无数的辛酸血泪。他创业之初的头六个月就把十年的积蓄用得一干二净，一连几个月都以办公室为家，因为他付不起房租。他也婉拒过无数的好工作，因为他坚持实现自己的理想。他也被顾客拒绝过上百次，拒绝他的和欢迎他的客户几乎一样多。就在整整七年的艰苦挣扎中，我没有听他说过一句怨言，他反而说：‘我还在学习啊。这是一种无形的、捉摸不定的生意，竞争很激烈，实在不好做。但不管怎样我还是要继续学下去。’他真的做到了，而且做得轰轰烈烈。我有一次问他：‘把你折磨得疲惫不堪了吧？’他却说；‘没有啊！我并不觉得那很辛苦，反而觉得是受用无穷的经验。’看看‘美国名人榜’就知道，这些功业彪炳千古的伟人都受过一

连串的无情打击。只是因为他们都坚持到底，才终于获得辉煌成果。”

拿破仑·希尔正是希望通过这个故事告诉生活中的人们，人生短暂，一定要努力向前。成功需要一连串的奋斗，不管遇到什么，不忘时刻积累经验、总结教训，做到不断学习，如此，即使失败，你也可以更上一层楼，你就一定可以实现你的理想。

知识窗

拿破仑·希尔特别强调成功最重要的因素就是要有积极的心态：“成功态度最重要，有积极的态度就有积极的人生。”他认为，如果一个人有积极的心态，激发高昂的情绪，克服抑郁、消除紧张，就能凝聚成功的行动力量，从而实现人生的进步及事业的成功。

励志点金石

在理想的最美好世界中，一切都是为最美好的目的而设。——伏尔泰

伟大的理想唯有经过忘我的斗争和牺牲才能实现。——乔万尼奥里

*** 为你支招 ***

1.养成勤奋的好习惯

如果勤奋已经成为一种习惯，那么，它就能变成一种理所当然的事。就像习惯睡懒觉的人认为早起是痛苦的，而习惯于早起的人却把早起当作一件再平常不过的事，因为早起对于他们来说已经是一种习惯。

2.要有坚定的决心和持之以恒的毅力

这是老生常谈的话题，但依然重要。那么，如何做到中途不放弃？你要有良好的心态，乐观的精神和自信心。很多人选择目标后又中途放弃，就是因为他们觉得坚持这么久没有成果，觉得自己学的没有用。其实，条条大路通罗

马，既然选择了自己的路，就要毫不犹豫地走，一直在原地徘徊、犹豫不决，不知是否该前进，只能让时间白白溜走而已。

3.要找到适合自己的勤奋之道，也就是方法

你可以根据自己的性格特征找到一条自己的路。比如，在看书上，每个人每天都有自己的兴奋点比较高的一段时间，你可以在这段时间看一些自己并不是很感兴趣的书籍，而在心情比较低落的时候看一些自己喜欢的书，调节一下。

4.学习需要专注

攀登峭壁的人从不左顾右盼，更不会向脚下——万丈深渊看上一眼，他们只是聚精会神地观察着眼前向上延伸的石壁，寻找下一个最牢固的支撑点，摸索通向巅峰的最佳路线。同一办法对你也会有所帮助。每逢做事情时，不要把注意力放在你面前的整个任务上，最好先拟定第一个步骤——它必须是你确信自己能完成的，然后再拟定第二个、第二个，如此各个击破，最终达到自己的目标。

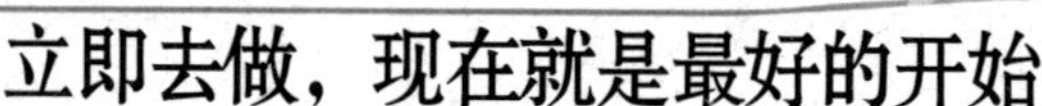

立即去做，现在就是最好的开始

适用写作关键词：立即去做　实践

我明天就去

索菲娅是哈佛大学艺术团的一位歌剧演员。

在一次演讲中，她当着全校师生的面提及自己的梦想——毕业以后先去欧洲进行为期一年的旅游，然后，她要去纽约的百老汇闯出一片天地。

就在这天下午，她的心理学老师找来问她："我听说你想去百老汇，那么，你今天去百老汇跟毕业后去有什么差别？"

"是呀，大学并不一定能为自己争取到去百老汇的机会。"索菲娅觉得老师的话很有道理，于是，她决定一年以后就去百老汇闯荡。

"你现在去跟一年以后去有什么不同？"

索菲娅一想，的确如此，接下来，她告诉老师自己决定下学期就出发。

接下来，老师又问："你下学期去跟今天去，有什么不一样？"是啊，老师说得对，接下来，索菲娅有些晕了，她仿佛现在已经置身于百老汇那金碧辉煌的舞台上了……她说，她决定下个月就去。

老师乘胜追击，问道："那一个月以后去和今天又有什么不同呢？"

索菲娅的心情很激动，她说："好，我准备一下，一个星期以后就出发。"

老师步步紧逼：“百老汇什么买不到？那些生活用品更是到处都是。那你要一个星期的时间准备什么呢？”

索菲娅激动地说道：“好，我明天就去。”老师赞许地点点头，说：“我已经帮你预订好明天的机票了。”

第二天，索菲娅就坐飞机来到了全世界艺术的最高殿堂——美国百老汇。

这天，百老汇一位著名的制片人正在筹备一部经典剧目，前来应选的人很多，但这位制片人只需要10位候选人。索菲娅接下来两天做的事情是找到剧本，然后她把自己关在出租屋里自编自演。

面试的时候索菲娅自信满满地对制片人说：“我可以给您表演一段原来在学校排演的剧目吗？就一分钟。”制片人首肯了，他不愿让这个热爱艺术的青年失望。

索菲娅表演的正是制片人要排演的剧目，制片人惊呆了，因为眼前这位姑娘的表演实在太棒了。他马上通知工作人员结束面试，主角非索菲娅莫属。就这样，索菲娅来到纽约没几天就顺利地进入了百老汇，开始了她灿烂的艺术人生。

听完索菲娅的故事，男孩，你是否有所感悟？的确，成功的人与那些蹉跎人生的人的最大区别，就是——行动！如果你能追溯那些成功人士的奋斗之路，你就会感叹：“难怪他会做得这么好！”怎么样的行动能获得最大的成功呢？是马上行动！男孩，也不要再感叹时光荏苒了，从现在起，立即行动吧，下一刻也许就是成功！

知识窗

百老汇大道为纽约市重要的南北向道路，南起巴特里公园，由南向北纵贯曼哈顿岛。由于此路两旁分布着为数众多的剧院，是美国戏剧和音乐剧的重要发扬地，“百老汇”因此成为了音乐剧的代名词。

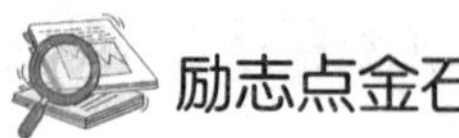

励志点金石

人们应当首先认定自己有能力实现梦想，其次才是用自己的双手去建造这座理想大厦。——诺贝尔经济学奖获得者萨缪尔森教授

认为自己做不到，只是一种错觉。——日本作家中岛薰

一心向着自己目标前进、行动起来的人，整个世界都给他让路。——爱默生

为你支招

要做到现在就做，男孩们，你们需要执行激发行动的六大步骤：

1.我要得到什么样的结果

思考想要的结果，比如：下学期要达到什么样的学习目标、背诵多少单词等。

2.达不到目标有什么样的痛苦

想象一下，没有达成这个目标可能的痛苦场景，比如：个人价值不被认可！

3.不行动有什么坏处

再思考，如果不行动会导致什么不良后果，比如：学习成绩不佳、目标完不成、不被认可、无快乐可言等。

4.假如马上行动，有什么好处

那么，如果立即行动，又会带来什么好处，比如：有机会当上班干部、个人价值将得到认可，考上好的大学等！

5.制定期限，马上行动

行动前，定下目标达成时限，比如：在两个月内，成绩排名上升十位！

6.将行动计划告诉你的父母、朋友和老师

看你的行动计划是否合理可行，先行检验一下，比如：告诉老师自己的目标，寻求他的辅导和支持，制订计划等。

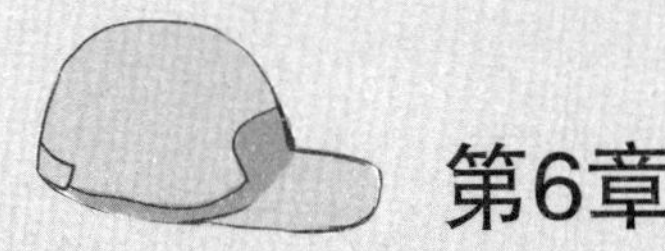

第6章

责任面前勇敢站出来，做个有担当的男子汉

男孩自从出生的那一刻起，就被赋予了种种责任，修身、齐家、治国、平天下，所以男孩又被赋予了一个值得骄傲但又比较沉重的称呼——“顶梁柱”。对于每个男孩子来说，无论是成长还是成熟，都需要自立自强，需要承担更多的责任。现实生活中的每一位男孩，都应该从生活中的小事做起，从有责任意识开始，到能独立担当。这样，男孩的责任意识和能力才会上升，才会树立远大的理想，才能把个人的奋斗目标与国家、民族的前途命运结合起来，自觉承担起时代赋予他们的历史使命。

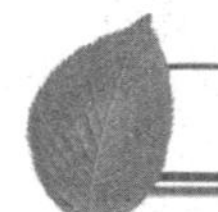

承担责任，是男孩成为男子汉的标志

适用写作关键词：坚持　责任

最后的选手

1968年的奥运会是在墨西哥举行的。在男子马拉松比赛场地，发生了这样一件事：

发令枪声在4小时前已经响过，许多选手早已跑到终点，甚至庆祝的典礼都结束了，但在赛场上，依然有一个孤独的身影，那就是塔萨尼亚的一个选手艾哈瓦里。此时，很多观众已经离去了，双腿缠满绷带的他，还是缓慢地迈向终点。

这一切都被世界级纪录片制作人格林斯潘看在了眼里。他很好奇，是什么驱使这样一个年轻人这样做？于是，他走过去问艾哈瓦里："你在比赛途中受了伤，完全有理由放弃比赛，为什么还要这么吃力地跑至终点？"

艾哈瓦里回答说："我是代表我的祖国来参加奥运会，不是来开始比赛，而是来完成比赛的。"

虽然艾哈瓦里没有获得任何名次，但从此，在奥运会的历史上，他的名字比冠军更响亮。

作为一个奥运会选手，艾哈瓦里身上担的是他的祖国、他的人民赋予的

责任。比赛中，即使遇到再大困难，他也要坚持跑到终点，只有这样，才是对人民、国家负责。虽然他没有获得任何名次，但他的这种责任意识让人们深深记住了他。一个人如果养成了高度的社会责任心，对国家、对社会和对他人负责，自然也就能摆正个人利益与社会利益的关系，从而达到应有的道德境界。

每一个男孩都是未来社会的主人，只有积极把责任心的培养融入日常生活中，才能在未来担起家庭、社会乃至国家的责任，才能成为一个合格的社会人、一个真正的男子汉。

知识窗

在公元前776年，希腊人决定每四年举行一次运动会，在此期间，所有的运动会选手以及附近的黎民百姓都要聚集在奥林匹亚这个希腊南部的风景秀丽的小镇。

公元前776年，第一届奥运会的冠军是短跑选手、多利亚人克洛斯。后来，奥运会的规模越来越大。公元394年，奥运会被罗马皇帝禁止。

励志点金石

每一个人都应该有这样的信心：人所能负的责任，我必能负；人所不能负的责任，我亦能负。如此，你才能磨炼自己，求得更高的知识，从而进入更高的境界。——林肯

每个人都被生命询问，而他只有用自己的生命才能回答此问题；只有以“负责”来答复生命。因此，“能够负责”是人类存在最重要的本质。——维克多·弗兰克

高尚、伟大的代价就是责任。——丘吉尔

为你支招

男孩，你若想做个真正的男子汉，就要从现在起，开始担起各种各样的责

任，对此，你需要做到：

1.要学会去帮别人分担一些忧患

当然，这种分担要在自己能够承受的范围内。例如，在家庭里我们要担当起作为家庭一份子的责任，在班级里要担当学生的责任，在国家要担当公民的责任……

2.努力学习，对自己负责

在这个社会上，每个人都扛负着自己的责任。做好自己的本职工作，不仅是对他人负责，更重要的是对自己负责。作为学生的你，现阶段的任务就是努力学习，只有充实自身与内在，才能做到有担当，才能在未来做好社会赋予的工作，才能体现自我价值。

3.关心国家，关心社会

我们都生活在一个大集体中，那就是国家和社会，有国才有家，每个男孩也都懂得这个道理。因此，从明天起，不要只关心自己的学习或者只关心最新流行元素了，多关心国家和周围发生的时事吧。

责任，对于任何一个人来说都是不可推卸的，它体现了一种社会必然性。而责任心对于任何一个成长阶段的男孩来说都尤为重要，一个人应该有许多品质，其中衡量一个人是否成熟的标准就是责任心。事业有成者，无论做什么，都力求尽心尽责，丝毫不会放松；成功者无论做什么职业，都不会轻率疏忽。这就是责任心。

学会承担，不为错误找借口

适用写作关键词：担当　承担

踢足球的里根

曾经，在美国，有一个11岁的小男孩，他在踢球时，不小心将球直接射到了邻居家的窗户上，打碎了他们家的玻璃。为此，小男孩和邻居协商好，他必须向邻居赔偿13美元。这可是一笔不小的数字，小男孩为此很苦恼。

最后，他决定求助于自己的父亲，但没想到的是，父亲居然让他自己想办法。

“我哪有那么多钱赔人家？”男孩非常为难。

“我可以借给你。”父亲拿出13美元，“但一年之后你必须还我。”

于是，为了偿还父亲借给自己的13美元，男孩必须开始艰苦的打工生活。经过半年的努力，他终于挣够了13美元这一“天文数字”，还给了父亲。

这个男孩就是日后的美国总统里根。他在回忆这件事时说：“通过自己的努力来承担过失，使我懂得了什么是责任。”

这里，我们发现，年幼时候的里根总统通过“足球事件”获得了成长，一个敢于担当的男人才能真正获得他人的尊重。

相比之下，我们之中有许许多多的人，包括还在接受学校教育的男孩，很

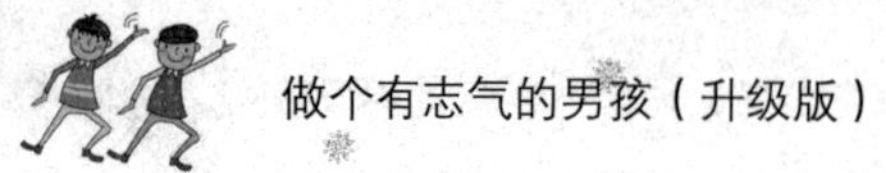

多时候，他们会为没完成作业、没有取得好成绩而找借口。就这样，一个又一个堂而皇之的借口编织了原谅自我和存在合理的误区，以致他们轻易错过了一次又一次“改正、改善、改造”的机会。而君子错了就会自己承认，所以一发现过错，就会努力改正，这才是真学问、真道德。

知识窗

罗纳德·威尔逊·里根于1911年2月6日生于美国伊利诺伊州坦皮科城。美国政治家，曾担任第33任加利福尼亚州州长，第40任（第49～50届）美国总统（1981—1989年）。他也是一名伟大的演讲家。在踏入政坛前，里根也担任过体育广播员、救生员、报社专栏作家、电影演员、电视节目演员、励志讲师等。

励志点金石

尽管责任有时使人厌烦，但不履行责任，只能是懦夫，不折不扣的废物。——刘易斯

社会犹如一条船，每个人都要有掌舵的准备。——易卜生

偶尔犯错误无可厚非，但从处理错误的态度上，我们可以看清楚一个人。一个集体需要的是那些能够正确认识自己的错误、及时改正错误并加以补救的人。——松下幸之助

为你支招

什么是真正的过错？一个人有过错不要紧，过而能改，善莫大焉；有过错而不肯改，这才是真正的过错。

这一启示告诉生活中的男孩，你若想逐步完善自己，就必须戒除任何借口，主动改正错误。为此，你需要做到：

1.做到自省

柏拉图说过，内省是做人的责任，人只有通过内省才能实现美德。一个善

于自省的人遇到问题时往往会反求自己，从自己的身上找原因，而不是总把问题推到别人身上。

2.自我纠错

美国“氢弹之父”爱德华·泰勒具有极好的自我纠错习惯，他经常兴致勃勃地谈起自己的某个最新见解，不久后又会毫不留情地自我否定掉。尽管他的十个见解中往往八九个都是错的，可是他凭借有错就纠的好习惯，沙里淘金，最终做出了不平凡的成就。

3.学会认错，这是承担的第一步

现在的你应该了解什么是是非，什么是对错，因此，在犯了错误之后，你一定要主动承认，不可找借口推脱。

找借口除了无助于自己的成长之外，也会导致别人对我们能力的不信任。坦诚地面对自己的失败，拿出足够的勇气去承认它，不仅能弥补错误所带来的不良结果，而且能更好地得到别人的谅解。

一个敢于承认错误、承担责任的男孩在未来成年中必会成为一个合格的成年人。

4.找到弥补的措施

当你出现过失之后，你可能会很想找父母帮你解决，但你要明白，你始终要长大，你的父母不可能永远替你承担，并且，很多问题，你的父母是无法替你扛下责任的。因此，你必须坚强一点，自己寻找弥补的措施，这才是真正的担当。

总之，一个真正的男子汉不仅是一个勇者，也是一个能屈能伸、能为自己行为负责的人。为自己的行为负责，这是男孩责任心培养的重要方面，是男孩担当家庭责任、社会责任的前提！

勇敢向前，不逃避不退缩

适用写作关键词：积极思考　执行

聪明的司马光

一天，司马光和一些小孩玩捉迷藏。有个小孩不知躲在哪里，看见那有个大缸，便眼珠子一转，踩着假山想进去。结果一看，里面有水，刚想躲到别的地方去，却脚一滑掉了进去，那小孩大声喊救命。小孩们听到了，有的喊大人救命，有的大哭起来。而司马光一点也不惊慌。他灵机一动，想出了个好办法。只见他拿起身边的大石头，用尽全身力气，向大水缸砸去。大水缸破了，水流了出来，小孩得救了。这就是流传至今的“司马光砸缸”的故事。这件偶然的事件使小司马光出了名，东京和洛阳有人把这件事画成图画，广泛流传。

这里，司马光为什么能做到急中生智救出同伴？这就是思考的结果。看完这则故事，不妨试想一下，如果你也遇到这种情况，你会怎么做呢？可能你也会和故事中的其他孩子一样，要么喊人救命，要么大哭，但其实只要你冷静下来思考一下，就能找到最有效的解决办法——砸缸。

的确，很多时候，如果你把精力都放在问题本身，就很难发现解决问题的办法。实际上，在困难面前，如果我们不找借口，而是挖掘解决问题的方法，你会发现，人的潜能的确是无限的。我们发现，生活中，对于一些男孩来说，

那些困难很容易成为他们懒惰、放弃、改变目标的借口，一段时间后，他们又常常自责。这种消极情绪一旦循环，就将会限制他们的能力的发展。

知识窗

司马光（1019—1086），北宋政治家、史学家、文学家。以“日力不足，继之以夜”自诩，其人格堪称儒学教化下的典范，历来受人景仰。宋神宗时，对于王安石施行变法，朝廷内外有许多人反对，司马光就是其中之一。王安石变法以后，司马光离开朝廷十五年，主持编纂了中国历史上第一部编年体通史《资治通鉴》。

励志点金石

放弃了自己对社会的责任，就意味着放弃了自身在这个社会中更好的生存机会。——戴维斯

我们不是为自己而生，我们的国家赋予我们应尽的责任。——西塞罗

为你支招

男孩，要做个成功的人，就必须要有成功的心态：不为自己找任何借口退缩，而是勇敢向前。为此，你要做到：

1.摆正态度，把责任心放在第一位

的确，没有人愿意主动失败或者出错，这也是很多人的借口。但一个对待事情不小心不认真的人又怎么能够把事情完成得圆满出色呢？也就是说，不管你做什么事，摆正态度，才能减少失败出现的可能。

2.不要试图让别人为你承担失职的责任

有些不负责任的男孩在事情出现问题时，首先考虑的不是自身的原因，而是把问题归罪于外界或者他人。这样的做法，不仅会让你养成推脱责任而不是找解决问题的方法的习惯，还会影响你的人际关系。

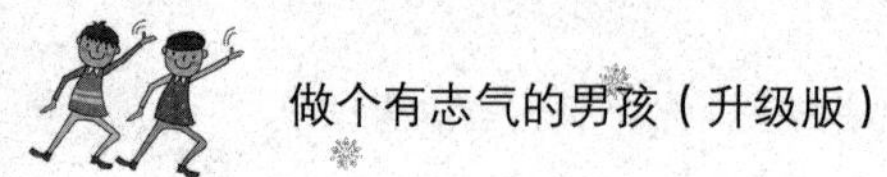

3.寻找弥补的措施

其实，与其绞尽脑汁寻找那些为自己开脱的借口，倒不如想想怎么能把出现的损失降到最低点。这里，我们可以做到的是，尽量制作出一份新的弥补方案，并完善好细节，因为大多数情况下，问题都出在细节上。

总之，如果你有找借口的习惯，那么，请彻底把借口从你人生的字典中永远剔除，不要再做只想“如果”的人，而应做一名只想“如何”的人。“如果”和“如何”虽只是一字之差，却代表两种迥然不同的态度，“如果”只会让你推脱责任，逃避困难；而“如何”是一种积极的思维方式，它会从失败中找根源，会积极寻找更有效的办法和措施来解决问题。

把责任化作动力，鞭策自己进步

适用写作关键词：责任感　鞭策

你到底在为谁读书

我从小就是妈妈管我学习，所以我一直认为学习就是为了妈妈。记得有一次妈妈对我说做完20道题就可以出去玩儿，说完妈妈就去厨房帮爸爸准备晚饭去了，留下我一个人对付那20道题。好像都是数学应用题，反正挺多的，大概有三四页。我一看，这么多，啥时候才能做完出去玩儿啊！等到做完了天不都黑了吗？于是我灵机一动，计上心来，我先做了前面五道题，正好赶上翻到下一页，我就空着中间的一页题，然后把最后的五道题也做了，然后合上本子，跑到厨房，跟妈妈说：‘妈妈我做完了，我出去玩儿啦！’妈妈一听挺高兴，说：‘这么快，那好，去玩儿吧！’

感觉就玩了一小会儿，天就要黑了。我很不情愿地跟我的朋友告别，说好明天还一起玩儿，就回家了。

一到家，我就觉得什么地方不对，只见妈妈沉着脸叫我进屋，问我：“题都做完了吗？”我心虚地说：“做完了。”妈妈生气了，问：“真的吗？”我不敢说话，闷闷地站着。妈妈更生气了，说：“你为什么要撒谎？你以为你学习是为了谁？”我还是不说话。只见妈妈一下子冲到桌子面前，呼啦一下把我桌子上的笔、本子和书全都扫到地上，然后气呼呼地转身走了。

我吓坏了，尽管妈妈对我比较严厉，但是从来没有发过这么大的火，就算是她打了我，我也没有这么害怕过，因为每次妈妈打完我最后还是要过来哄哄我的。我一个人呆呆地站在那里，不敢动也不敢说话，心想：要是以后妈妈再也不管我学习了可怎么办？屋子里渐渐暗下来，妈妈没有来，也没有别人来叫我去吃饭。

就这样不知道过了多久，我收拾好散落一地的书、本子和笔，鼓足勇气走到妈妈面前，对妈妈说："妈妈，我错了，我不该骗您，以后我不这样了。"妈妈当然马上就原谅了我。

虽然那次妈妈没有打我，但是真的把我吓坏了，而且从那以后，我再也没有骗过妈妈。但是，学习究竟是为了谁呢？

的确，很多男孩都和故事中的这个孩子一样，他们都对自己的人生感到迷茫，不明白自己为谁读书、为谁学习，更多的则认为是为父母学习、为了给父母争面子，而这种学习态度直接导致了他们对待学习和生活冷漠，没有热情，对什么都没有兴趣、对什么都不在乎。其实，这主要是因为男孩缺乏责任感。一个有责任心的男孩，才会有不断努力学习的动力，才能不断鞭策自己努力向前。

知识窗

"数学"的由来。

在现存的资料中，希罗多德（公元前484—前425）是第一个开始猜想的人，他只谈论了几何学，他对一般的数学概念也许不熟悉，但对土地测量的准确意思很敏感。作为一个人类学家和一个社会历史学家，希罗多德指出，古希腊的几何来自古埃及。在古埃及，由于一年一度的洪水淹没土地，为了租税，人们经常需要重新丈量土地。他还说：希腊人从巴比伦人那里学会了日晷仪的使用，以及将一天分成12个时辰，希罗多德的这一发现，受到了肯定和赞扬，所以，认为普通几何学有一个辉煌开端的推测是肤浅的。

励志点金石

一个在工作中找到意义与快乐的投资家，一个出于正确动机的商人，绝对要比一个心不在焉的和尚，高尚和有意义得多。——本·沙哈尔

一种未完成的使命会使整个人生默然失色。——巴尔扎克

创造这中国历史上未曾有过的第三样时代，则是现在的青年的使命。——鲁迅

为你支招

1.努力学习是你的责任

男孩，你最大的使命莫过于学习，努力学习积累科学文化知识，才能用知识武装自己，从而更好地完成自己在未来社会的使命。

2.端正学习目的

你为什么而学习？是父母强逼你学习，还是你有着伟大的梦想？如果你总是认为学习是一件无奈的事，那你又怎么可能投入全部的热情学习呢？因此，你不妨重新考虑一下自己学习的目的，真的是为了他人吗？

3.让责任心激励自己克服学习中的困难

的确，学习和生活中，你总会遇到一些困难，有时候这些困难是客观存在并不以人的意志而转移的，但是你可以通过自身的努力来克服它。你并不能等所有的外部条件都完善了再开始着手做事，你能做的不找任何借口就是立刻行动。

坚守责任与信仰，并努力做到最好

适用写作关键词：正直　忠诚

正直的总统

2002年获诺贝尔和平奖的美国前总统吉米·卡特在读中学的时候，班主任朱莉娅·科尔曼小姐关爱她班上的每一个学生。她告诉他们："我们应该随着时代的变迁而调整自我，但是我们信守的原则是不变的。"朱莉娅小姐当年所要告诉学生们的是，我们应该时时分析新情况，然而无论是在选择相守终身的伴侣还是在艰难时刻、考验时刻或是遇到诱惑须做出困难的决定时，我们不仅要适应这些新的挑战，还应该坚守我们所学到的某些原则，如公平、正直、忠诚等。

长大以后，卡特对朱莉娅小姐的话有了更深的理解，并始终坚守从朱莉娅小姐那里所学到的基本原则。

在总统就职演说中，他引用了朱莉娅小姐的话："随着时代的变迁而调整自我，但信守不变的原则。无论我们面临着多么大的困难，我都决心让我自己和美国人民信守真正的正义与真理的信仰。"

吉米·卡特总统善于反躬自省，总是乐于面对自己的缺点，并设法自我改正。卡特十分勤奋而又能自律，同时坚信积极思考的力量。"他是个最守纪律的人。"吉米的朋友们众口一词地这样评论他。

卡特对那些没有尽最大努力的人常常不能容忍。在他任州长时，有一次，他因公和一位佐治亚州的专员同机外出。早晨7点钟，卡特已在飞机上等候了，只见那位专员正匆匆忙忙地从亚特兰大航空站的跑道上奔跑而来。这时飞机正好滑行到跑道上，卡特虽然看到了那个人，但还是命令驾驶员准时起飞。“他不能按时到达这里，这实在太遗憾了。”他厉声地说。

卡特之所以能得到美国人民的好评，获得如此至高的荣誉，就是因为他一直记住当年茱莉娅小姐的那句话：“随着时代的变迁而调整自我，但信守不变的原则。”正是这样的责任心和信仰，令他坚持遵守纪律，坚持自己的原则，并努力做到最好。

知识窗

诺贝尔奖，是以瑞典著名的化学家、硝化甘油炸药的发明人阿尔弗雷德·贝恩哈德·诺贝尔的部分遗产（3100万瑞典克朗）作为基金创立的。诺贝尔奖分设物理、化学、生理或医学、文学、和平五个奖项，以基金每年的利息或投资收益授予前一年世界上在这些领域对人类做出重大贡献的人，1901年首次颁发。诺贝尔奖包括金质奖章、证书和奖金。

励志点金石

我们有必要恢复对我们的理想、命运和我们自身的信念。我们活在世上不只是为了享乐和自我满足。我们负有创造历史的使命——不漠视过去、不毁弃过去、不向过去倒退，而是发奋向前、积极向上，为未来开辟新的前景。——理查德·尼克松

必须让有天才的人独立，而人类应当深刻地掌握一条真理，即人类要使有天才的人成为火炬，而不要让他们放弃真正的使命。——圣西门

为你支招

1.建立一个崇高的信仰

男孩，你要明白，读书不是为了工作，而是为了人生，为了自己的信仰。

就是说，男孩，只要你有个积极向上的信仰，你的心中也就有了一杆秤，那么，你在社会生活中，不管干什么，都会有自己的原则。这里的原则既包括办事的方法，也包括为人处世的立场、主见。如果一味地迁就、顺从别人，实际上是软弱的表现。过于软弱，就会逐渐失去自信力，而没有信仰的人是很难成就什么大事业的。

2.让责任感激励自己不断向前

一个人，只有内心有责任感，心才有归属的暖巢，才会有良好的精神状态。一个人，如果他有了积极向上的精神状态，那么，即使他正身处逆境，他也不会感到恐惧，也总是心存希望，不会放弃，能够坦然面对困难，并积极寻找解问题的办法。同时，也只有责任感，才能让我们坚持做人的原则，而不致在社会大潮的洗礼中倒戈。

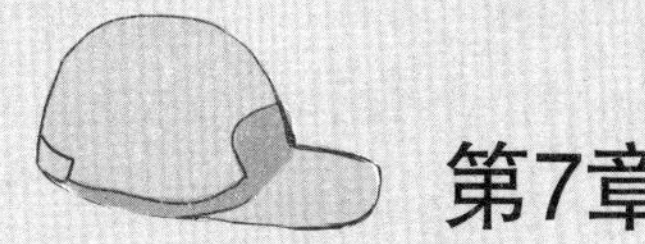

第7章

管好自己才能飞，做个有自控力的男子汉

生活中，我们发现，很多男孩有这样一些行为：上课时不是做小动作，就是窃窃私语；一回到家就看电视，一写作业就坐立不安；课外作业马虎了事，甚至时常打折扣；喜欢吃零食，乱花零花钱……其实，这都是由于缺乏自控力造成的。自控力对尚未成熟的男孩们显得尤为重要。在你们的学习和生活中，自控在很多方面都发挥着巨大的作用：它能督促你们去完成应当完成的任务；能抑制你们的不良行为，如贪婪、懒惰；能缓解不良情绪，如冲动、愤怒、消极；能抵御外界形形色色的诱惑等。

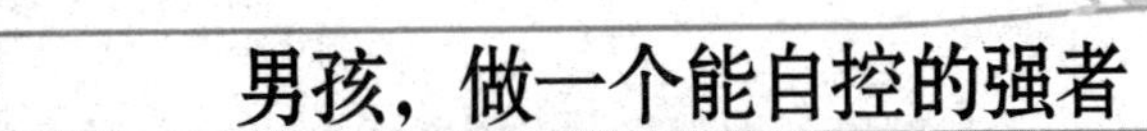

男孩，做一个能自控的强者

适用写作关键词：贪婪　欲望

猫和老鼠

一天夜里，一只饥饿的老鼠终于发现了一些食物，正当它准备大吃一顿时，却被它的天敌——一只大花猫抓住了，它只好哀求花猫放过他：“猫大哥，请你饶我一条小命吧，回头我就送你一条大鱼。”

猫说：“不行。”

老鼠继续说：“那五条呢？”猫还是不答应。

老鼠还想继续求情：“这样，要是你能放了我，那我保证以后每天都为你送上一条鱼；要是遇到逢年过节，我还会送上更多的。”

猫眯起眼睛，不说话了。狡猾的老鼠认为自己的话起作用了，于是，它乘胜追击：“猫大哥，你平时基本上都吃不到鱼，而鱼可是你的最爱。只要你这次高抬贵手，你以后每天都有鱼吃了，这是多么好的一件事啊！”

猫还是没有吱声，不过它心里很清楚：我也希望天天吃到鱼，但如果这次放过它，那么，它还是会偷吃主人的食物，胆子也会越来越大，主人肯定会怪我。那时候，我连温饱都成问题，哪里有鱼吃呢？这样的交易不划算。

想到这些，猫突然睁大眼睛，伸出利爪，猛扑上去，将老鼠吃掉了。

故事里的猫是聪明的，它的选择也是正确的。它很理智，它知道，虽然老鼠的许诺很诱人，但一旦答应，就可能付出更大的代价，于是，它最终还是选择了它原来的一日三餐。而一日三餐便是它的底线。猫当然希望一日一鱼，但连起码的一日三餐都保不住的话，一日一鱼便成了水中月、镜中花。

同样，现实生活中的每个男孩，也要从这个故事中获得启示。你要记住，即使你很平凡，你也依然可以追求不平凡的生活，只要经常修剪自己的欲望，任何环境中的人，都可以走向成功。君子爱财，取之有道，对于名利，对于追求，只要是利己惠人的，就可以坦坦荡荡地去做！

知识窗

为什么猫爱吃老鼠和鱼？

猫是捉鼠能手早已家喻户晓，猫爱吃鱼也可谓众所周知。可以说，没有不爱吃老鼠和鱼的猫，但猫为什么要捕捉老鼠、要吃鱼，这个秘密就不能说人人皆知了，甚至很多生活经验丰富的人也未必能给我们答案。

这要从猫的身体需求这一方面进行分析。老鼠这种动物，体内含有一种能提高夜间视力的叫牛黄酸的物质，而一向善于在黑夜活动的猫的体内却没有这种物质，如果猫的体内长期得不到牛黄酸的补充，那么，这只猫就会丧失夜间视觉的能力。猫为了补充“营养”，摄取牛黄酸，保留它夜间活动的习惯，就必须大量捕捉老鼠。科学家经过反复的实验分析，发现鱼肉中也含有大量的牛黄酸，这也是猫爱吃鱼的原因所在。

励志点金石

自我控制是最强者的本能。——萧伯纳

欲望是人遭受磨难的根源。诚然，欲望可以使人得到欢乐和幸福；但这欢乐、幸福的背后是苦难，乐极是要生悲的；一切欲望实现之后，却也免不了灾难。——［埃及］尤素福·西巴伊

为你支招

我们都是平凡的人，也都有一定的心理需求，甚至连哲学家们自己似乎也极不愿意摒弃人性的这一弱点；但欲望毕竟是无止境的，一个人只有学会不断修剪自己的欲望，才能用最清晰的眼睛看清楚前方的路。

那么，男孩们，该怎样克服贪念呢？

1.避免物质生活过于奢华

人们贪念的形成多半都是从物质上开始的，有了点钱就想更有钱，住了房子还想住别墅等。同样，很多青少年身上也有这样的缺点，总是想吃高档食物，总是要买名牌衣服。假若你从小就注重生活的节俭，还怎么会有这样的性格缺点呢？

2.学会知足，享受简单的快乐

如果你能体会到和同学们一起做游戏、和父母一起享受天伦之乐的快乐，你还会把眼光放在对物质生活的追求上吗？

因此，男孩，在忙碌的学习生活之余，不妨让自己投身到人际关系中吧，从中获得乐趣，你也将变成一个心态阳光的男孩。

3.正确看待竞争，不要过于看重竞争结果

有些男孩，眼里容不下别人比自己优秀，为此，他们努力学习，总是想赶超别人，这是男孩的学习动力，但也可能成为他们心理的负累。倘若你获得了好成绩，却变成了一个善妒的人，而且遗忘了什么叫快乐，你还会觉得幸福吗？

面对无理的攻击，只需微笑面对

适用写作关键词：微笑　从容

幽默的丘吉尔

第二次世界大战中，丘吉尔让世界人民认识了他，很多人对他的作战才能感到惊叹，但也有一些人对他不满，其中就有他的一些政敌。

在一次酒会上，一个女政敌高举酒杯走向丘吉尔，并指了指丘吉尔的酒杯，说："我恨你，如果我是您的夫人，我一定会在您的酒杯里投毒！"

显然，这句话绝对不是善意的，但丘吉尔并没有愤怒，而是微笑地对她说："您放心，如果我是您的先生，我一定把它一饮而尽！"这样从容不迫的回答，给了对方一个极为良好的印象。宽容是一种大智慧，一种大聪明！

美国的一位心理专家说："我们的恼怒有80%是自己造成的。"而他把防止激动的方法归结为这样的话："请冷静下来！要承认生活是不公正的。任何人都不是完美的。任何事情都不会按计划进行。"感恩我们的对手与敌人，是一种宽容的表现，一个有志于事业成功的人，包容对他来说是一门人生必修课。

同样，任何一个生活中的男孩，你也应该有丘吉尔这样的气度。你不应该奢望每个人都成为你的朋友，面对敌人的挑衅，倘若你能放下、包容一点，以微笑回击，那么，很可能会冰释前嫌，让他人感受到你的人格魅力。

知识窗

温斯顿·丘吉尔，出生于英国的一个贵族家庭，曾任两届英国首相，还是政治家、画家、演说家、记者、作家等。他曾被誉为20世纪最重要的政治领袖之一，并曾带领英国获得第二次世界大战的胜利。

相传，他是历史上掌握英语单词词汇量最多的人之一，有十二万之多，他曾被美国杂志《展示》列为近百年来世界最有说服力的八大演说家之一。2002年，英国广播公司举行了一个名为“最伟大的100名英国人”的调查，结果丘吉尔被选为有史以来最伟大的英国人。

励志点金石

愤怒，就像是地雷，碰到的任何东西都一同毁灭。——培根

世界上最奇怪的事情是，小小的烦恼，只要一开头，就会渐渐地变成比原来厉害无数倍的烦恼。——马克·吐温

我们从愤怒中带来的每一个打击，最终必然落到我们自己身上。——本恩

为你支招

错误应该受到惩罚，但未必要通过愤怒来实现，既然错误在他，为何你要生气？别人犯了错，你去生气，岂不正是拿别人的错误来惩罚自己？为此，男孩，生活中，当你遇到了愤怒之事时，你可以这样做：

1.认识自己发怒的原因

当你的情绪稍微冷却下来以后，你可以试着找出自己发怒的原因。你是不是因为同学总是对你的体重或发型冷嘲热讽而气恼不已？是不是因为你的朋友在你背后说了你的坏话？要预先想好发生这种情况时消除怒气的方法。

2.使用建设性的内心对话

赫尔明指出：“许多怒火中烧的人不分青红皂白责备任何人和事：什么车子发动不了啦；孩子还嘴啦；别的司机抢了道啦之类。使怒气徘徊不去的是你自己的消极思维方式。”既然想法是导致情绪的主因，那么，如果你是个容易愤怒的人，就应该加强内心的想法，准备一些建设性的念头以备不时之需。例如：

“我在面对批评时，不会轻易地受伤。”

“不论如何，我都要平静地说，慢慢地说。”

当你能熟练这些灭火步骤时，就会发现，自己花在生气上的时间越来越少，而花在完成工作上的时间也就相对地越来越多了。

3.不要说粗话

不管你说的是“傻瓜”还是更粗野的词语，你一旦开口辱骂，就把对方列为自己的敌人。这会使你更难为对方着想，而互相体谅正是消除怒气的最佳秘方。

的确，愤怒是一种大众化的情绪——无论对于男女老少，愤怒这种不良情绪都在毒害着他们的生活。因此，男孩，如果你也常常动怒，那么，你最好学会以上几点调节情绪的方法，从而浇灭愤怒的火焰。

消除嫉妒之心，心平气和看待生活

适用写作关键词：友谊　真诚

真正的朋友

一年一度的学生年度表彰大会又来了，很多家长也都如约而至。陈女士就是其中一位，而且，她的儿子阳阳是这次受表彰的学生之一。陈女士感到高兴的是，儿子一直是同学和朋友中的佼佼者，这次，那些孩子中，儿子也是唯一的受表彰者。原本，陈女士担心，儿子的这些朋友会因此而不高兴，但在会上听到这段对话后，她心里的一块大石头终于落下了。

阳阳好奇地问同桌晓晓："你不讨厌我吗？"

"我为什么要讨厌你？你是我最好的朋友啊！"

"我的意思是，你应该讨厌我，每年这个时候我都不愿意参加，因为我拿奖的那一刻，我怕会失去很多朋友。"

"你认为我牛晓晓是那样的人吗？'既生瑜何生亮？'也许很多人都这样感慨，但你知道，那种小肚鸡肠的嫉妒心理我是没有的，放心吧。你拿奖，受表彰，我应该替你高兴嘛，我朋友优秀，我心里也高兴得不得了。"

听完晓晓的话，另一个男孩也开玩笑说："真正的朋友就是有福同享有难同当，你的荣誉就是我们的荣誉嘛，那今天晚上阿姨肯定给你做大餐，我有口福了。"大家都笑了。

在领奖台上，阳阳说："感谢我的老师、爸爸妈妈，还有我最铁的几个朋友，我感谢他们的理解，我们会一起努力……"

我们每个人都生活在一定的人际范围内，都会不自觉地常常与他人做比较，当发现自己在才能、体貌或家庭条件等方面不如别人时，就会产生一种羡慕、崇拜、奋力追赶的心情，这是上进心的表现。但有时也会产生羞愧、消沉、怨恨等不愉快的情绪，这就是人的嫉妒心理。

知识窗

"既生瑜，何生亮"是什么意思？

在《三国演义》里，周瑜是心胸狭窄、永不服输的代名词，也只有当他病入膏肓、不久于人世时，才会由口及心地发出这样的感慨。的确，周瑜没有摆正心态。面对一个才能和智谋都高过自己的人，他不是去讨教，而是选择了嫉妒和想方设法与之争斗甚至陷害，这种要不得的心态终究使自己心愿难遂而英年早逝。

励志点金石

在嫉妒心重的人看来，没有什么比他人的不幸更能令他快乐，亦没有什么比他人的幸福更能令他不安。——斯宾诺莎

嫉妒是一种恨，此种恨使人对他人的幸福感到痛苦，对他人的灾殃感到快乐。—— 斯宾诺莎

有嫉妒心的人，自己不能完成伟大事业，便尽量去低估他人的伟大，贬抑他人的伟大性，使之与他本人相齐。——黑格尔

为你支招

一些男孩在面对比自己优秀、比自己成功的朋友时，会产生心理不平

衡，“和他做朋友，感觉自己像个小丑一样，简直是他的附属品”，这种心理很多孩子都有过。心理学家指出，如果我们对盲目比较的心理不加以控制，轻则影响到我们的心理健康，严重的甚至会让我们产生心理疾病。而只有做到少一些比较，才能多一些开怀。为此，你要做到：

1.努力学习是获胜的基础

要想在竞争中获胜，必须通过努力学习，掌握比别人更过硬的本领。

2.承认差异，奋进努力

人与人之间必然是有差异的，不是表现在这方面，就是表现在那方面。一个人承认差异就是承认现实。要使自己在某方面好起来，只有靠自己奋进努力，嫉妒于事无补，而且会影响自己的奋斗精神。

3.拓宽自己的心胸

好胜是个人心理结构中“我”的位置过于膨胀的具体表现。好胜者总怕别人比自己强，对自己不利。只有驱除私心杂念、拓宽自己的心胸，才能正确地看待别人，悦纳自己，即常说的“心底无私天地宽”。

4.形成正确的自我认识

青春期正是身心发展的阶段，处于这一时期的青少年应该学会全面地看问题，因此，你要学会对自己和他人进行正确的评价。“金无足赤，人无完人”，每个人都有自己的长处，也有自己的不足。父母不但要正确地认识孩子，还要帮助孩子形成正确的自我认识。

5.充实自己的生活

如果学习、生活的节奏很紧张，生活过得很充实很有意义，你就不会把注意力局限在嫉妒他人身上。因此，你应该学会充实生活，多参加一些有意义的活动，转移注意力，把精力放在学习和其他有意义的事情上。

主动迎接挑战，克服消极的心理暗示

适用写作关键词：自信　坚韧

蜕变的杰克·韦尔奇

杰克·韦尔奇在全球享有盛名，他被誉为“全球第一CEO”“最受尊敬的CEO”“美国当代最成功、最伟大的企业家”。

每个人的成长过程中总有一些回忆，韦尔奇也不例外，他曾经这样回忆自己的一段经历：“我是个自信的人，但我也有缺乏自信的时候。我记得那是1953年的秋天，那是我上马萨诸塞大学的第一周，我很想家，我想母亲，我住不惯。我的母亲是个很爱孩子的女人，她从家要开车三个小时才能到我的学校，但她经常不辞劳苦来看我，并给我打气。”

面对沮丧的儿子，他的母亲说：“你看看你周围的这些同学，他们也是离家很远，但他们没有你这么想家，你要努力，要表现得比他们还出色。”尽管韦尔奇当时并不是很出色。

母亲的这番话确实对韦尔奇产生作用了，不到一个星期，韦尔奇就振作了，他信心十足地融入周围的同学中，并且，在第一学期的期末考试中，他的成绩还不错。

对于韦尔奇来说，他的母亲的这番话是有力的，因此，他受到了极大的鼓舞。

从韦尔奇的经历中，男孩们，你们应该受到启发：人生没有过不去的坎，跌倒了再爬起来，重新整理好自己，勇敢地去迎接挑战，就能赢得属于自己的辉煌。

知识窗

CEO是什么职务？

CEO(Chief Executive Officer)，即首席执行官，是美国人在20世纪60年代进行公司治理结构改革创新时的产物。CEO与总经理，形式上都是企业的“一把手”，CEO既是行政一把手，又是股东权益代言人。大多数情况下，CEO是作为董事会成员出现的，总经理则不一定是董事会成员。从这个意义上讲，CEO代表着企业，并对企业经营负责。

一般来讲，CEO的主要职责有三方面：①对公司所有重大事务和人事任免进行决策，决策后，权力就下放给具体主管，CEO具体干预的较少；②营造一种促使员工愿意为公司服务的企业文化；③把公司的整体形象推销出去。

励志点金石

没有伟大的意志力，就不可能有雄才大略。——巴尔扎克

有了坚定的意志，就等于给自己添了一双翅膀。——乔·贝利

谁有历经千辛万苦的意志，谁就能达到任何目的。——米南德

尽管我们用判断力思考问题，但最终解决问题的还是意志，而不是才智。——沃勒

为你支招

对于成长中的男孩来说，困难和挫折是一所最好的学校。处于这个阶段的男孩，你应该明白一个道理，意志薄弱者，最终会与成功无缘。因此，虽然你

渴望人生的道路上充满笑脸和鲜花，但生活是无情的，每个人的人生路上都会有各种各样的苦难，畏惧苦难的人将永远不会有幸福。为此，你必须从潜意识里克服自己的失败心理：

首先，你要接受事实，承认失败。

哲学家叔本华曾说过："逆来顺受是人生的必修课程。"我们每个人都要明白，当事情已发生时，我们只有接受。"事必如此，别无选择"，但这并非容易的事情。你需要常提醒自己。

其次，先停下，然后再重新开始。

我们时常钻进牛角尖而不能自拔，因而看不到新的解决方法。

因此，当我们遇到重大的难题时，不要马上放弃，先放下手边的工作换换气氛；当你回来重新面对原有的难题时，答案便会不请自来了。

最后，把握要点。

遇到问题时，你应冷静下来，想想：是不是曾经有其他人遭遇过类似的问题，却成功地克服了？问题的关键在哪里？只有找到问题的关键，才能解决好问题，俗语说"打蛇要打在七寸上"，"七寸"就是蛇的致命处。我们对待问题，也要握住问题的"七寸"，才能把问题"置于死地"。

眼光长远，不把享乐主义当成人生目标

适用写作关键词：忍耐　志气

卧薪尝胆

相传，勾践战败后，他接受了大臣范蠡的建议，收买了吴国太宰伯嚭，向夫差称臣纳贡求降，越王和王后到吴国给夫差为奴做婢。夫差答应了，在吴国对勾践夫妻极尽羞辱。勾践在夫差面前一副感恩戴德、五体投地的奴才相，嘴里还感激夫差不计前嫌、以德报怨、宽宏仁慈。夫差要上马，勾践就跪下来让夫差踏在自己的马背上。夫差生病了，勾践在夫差面前寝食难安、问病尝粪，嘴里一边吃着夫差的大便，一边说出自己的忠诚之志："恭喜大王，大王的病就快好了。"

就这样，勾践以自己的恭顺打动了夫差，终于，夫差下令让勾践回到越国。勾践回到越国之后，立志要报仇雪恨，他唯恐眼前的安逸消磨了自己的志气，于是在吃饭的地方挂上一个苦胆，每逢吃饭的时候，就先尝尝苦味，并问自己："你忘了会稽的耻辱了吗？"他还把席子撤去，用柴草当作褥子。这就是后人一直传诵的"卧薪尝胆"。

勾践能做到"卧薪尝胆"，就是凭借着异于常人的忍耐力。战败后的他，原本打算与吴国决一死战。在大臣的劝谏下，他最终选择了忍耐。他之所以甘

愿在夫差面前百般受辱，就是为了赢得夫差的信任，这样自己就可以早日回到越国去施行复国大计。那看似的委曲求全，实则是一个计谋，勾践早已经将整个计划运筹帷幄于股掌之间。于是，这才有了后面“勾践灭吴”的故事。

知识窗

勾践是谁？

勾践（古称“句践”，约公元前520年—前465年），会稽（绍兴）人，大禹后裔，春秋末期越国的君主。越王允常之子。因卧薪尝胆、灭吴称霸而名垂千古。

励志点金石

默认自己无能，无疑是给失败制造机会！——拿破仑

你热爱生命吗？那么别浪费时间，因为时间是组成生命的材料。——富兰克林

合理安排时间，就等于节约时间。——培根

苦难是人生的老师。——巴尔扎克

为你支招

真正的快乐是来自于灵魂的丰满，一个内心充实的人便是快乐的，而享乐主义则是把人生目标的影子当成人生目标。其实，一个人之所以会在一生中交替出现快乐和痛苦，是因为在他的内心世界中意志和理性所占的份额不同：当意志强于理性，必遭受失败的痛苦；反过来，人就是快乐的。也就是说，如果我们能控制自己的享乐心态，那么，我们便能消减痛苦。而如果我们任由享乐主义侵占自己的心灵，那么，这才是人生最大的痛苦。

为此，每个男孩，都要有长远的眼光，绝不能把享乐主义当成人生的目标。你可以这样做：

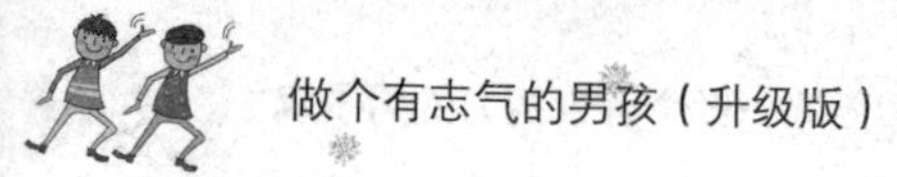

1.自己的事情自己完成

日本的家长在孩子很小的时候就向他们灌输“自己的事情自己完成”的思想。所以，日本孩子出外时，都是自己背包裹，再重也要自己背，如要别人来帮忙，那是会被别人看不起的。有的男孩从小就洗冷浴，一年四季洗冷水，以锻炼自己的意志和吃苦精神。

2.为自己设置一些生活挫折和障碍

你可以完成适当的家务，如打扫卫生、洗碗、清理房间等，还应该多参加社会实践，如卖报纸、农村生活体验、夏令营、与农村孩子交朋友等形式的活动。

3.可以适当吃点“苦”

从人的成长规律看，青少年时期是人生的基础阶段，能在成长期有一些吃苦的经历，将会对你的人生产生积极作用。因为任何人的一生都不可能事事顺心，总会遇到一些这样那样的挫折，现阶段吃点苦，有助于磨炼你的意志，增强你的生存本领，因而可以说，吃吃苦，是为了让你的未来人生之路走得更平稳，是为了让你即使处于风雨之中也能勇敢地前进！

男孩怕苦，就不会成功，就不会搞好学习，遇到困难就会后退，乃至悲观地对待生活，这样很难适应社会的竞争。

总之，男孩，你们应从小事做起，从身边开始，多锻炼，不要怕受皮肉之苦。如此，你不但能增加对社会、家庭的责任感，也开阔了眼界，学会如何生存，学会与人交往，学习那些书本上学不到的知识。这样的男孩才能早日成才！

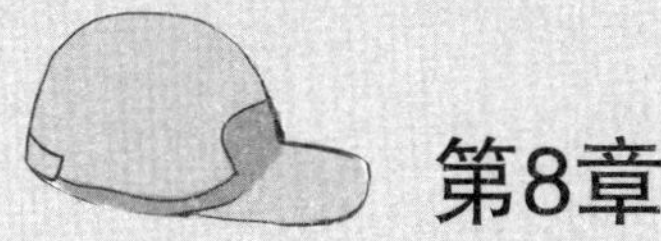

第8章

别人能，我也行：男子汉不轻言不可能

美国联合保险公司董事长克里蒙·史东说：“真正的成功秘诀是‘肯定人生’四个字，如果你能以坚定而乐观的态度去面对一切困难险阻，那么，你一定能从其中得到好处。”任何一个男孩，都应该记住这句话，只有自信为人，才能在未来社会释放出非凡的能力。然而，要做到这点，首先要消除自卑感。要知道，每个人都是与他人全不同的个体，没有人是一无是处的，自信是一种认知的开始，因为，透过自我观察，才能了解自己的专长、能力和才华，这样，你的自信便会不断储备，自卑也就无处遁形。

适用写作关键词：第一　勇气

站到人群中享受阳光

尧尧是个很普通的男孩。在他上小学的时候，他的学习成绩并不好，因此，虽然每次他都想竞选班长，但都因为怕被同学们嘲笑而没有付诸行动。到六年级的时候，他看了一本小说，故事中主人公是个双眼失明的女人，但她并不自卑，她每天都会站到人群中去享受阳光，她还大胆地参加了歌唱比赛，最后，她真的成功了。

在那以后，尧尧决定要变得自信起来。于是，他向老师报名了。在参加竞选演讲时，他对全班同学说：“我是个普通的男孩，我并不是全班第一名，我也没有当过班长，但当班长是我一直以来的心愿，我也有信心一定能协助班主任老师管理好班级的工作。希望大家相信我……”当他说完这一番话后，教室中响起了热烈的掌声。

最后，全班大多数同学都投了他一票。

现在的尧尧已经上大学了，他说，这是他最难忘的一次回忆。

这则故事中，我们看到了一个小男孩在受到鼓舞后变得自信，并敢于参与竞争的过程。最终，因为自信，他成功说服了同学们。

知识窗

近视会导致失明吗?

眼科专家指出，高度近视可导致失明。定期检查、及早治疗是避免高度近视致盲的最有效措施。高度近视的眼球前后径不断增长，成为长椭圆形。由于巩膜向后扩张，视神经乳头周围脉络膜萎缩，在视神经乳头颞侧形成半月形的近视弧形斑，进一步发展成为环状弧形斑。眼底也发生一系列病变，视网膜脉络膜弥漫性萎缩，视网膜变得脆弱菲薄，尤其是眼球后极部和黄斑区视网膜变性萎缩，黄斑出血，形成黑斑，严重损害视力，甚至致人失明。

励志点金石

只有满怀自信的人，才能在任何地方都把自信沉浸在生活中，并实现自己的意志。——高尔基

有信心的人，可以化渺小为伟大，化平庸为神奇。—— 萧伯纳

能够使我飘浮于人生的泥沼中而不致陷污的，是我的信心。—— 但丁

为你支招

处于成长期的男孩，如果你希望自己在未来能成为一个成功的人，如果你不甘于平庸，就一定要从内心决定做第一。这样在你的意识中你才会有信心做到完美，你的个性才会真正成熟起来。相反，不想做得更好，就会做得更差。如果自甘沉沦，不追求卓越，懒得提高自己能力，那么，你是不会进步的。为此，你需要做到：

1.昂首挺胸，快步行走

许多心理学家认为，人们行走的姿势、步伐与其心理状态有一定关系。懒散的姿势、缓慢的步伐是情绪低落的表现，是对自己、对工作以及对别人不愉快感受的反映。步伐轻快敏捷，身姿昂首挺胸，会给人带来明朗的心境，使自

卑逃遁，自信滋生。

2.养成大声说话的习惯

在上课发言时，要注意提高你的音量，养成大声说话的习惯。科学对比实验的解释是，大声说话能解除压抑，提高自信——能调动全部潜能，包括那些受到压抑的潜能，同时也能使你的胆量在大声说话中得到扩张，那么你的发言也就挥洒自如了。

3.学会微笑

我们都知道笑能给人自信，它是医治信心不足的良药。如果你真诚地向一个人展颜微笑，他就会对你产生好感，这种好感足以使你充满自信。正如一首诗所说："微笑是疲倦者的休息，沮丧者的白天，悲伤者的阳光，大自然的最佳营养。"

4.公共场合挑前面的位子坐

你是否注意过，无论在教学或教室的各种聚会中，后排的座位是怎么先被坐满的？大部分占据后排座的人，都希望自己不会"太显眼"。而他们怕受人注目的原因就是缺乏信心。

坐在前面能建立信心。把它当作一个规则试试看，从现在开始就尽量往前坐。当然，坐前面会比较显眼，但要记住，有关成功的一切都是显眼的。

5.找到放松自己的小窍门

有的男孩，当众讲话时，会觉得十分痛苦；自我介绍时，会十分紧张。他不敢去接触别人；如果别人稍稍接近他，他就立即躲避起来。像这种男孩，如何才能克服他的扭捏呢？可以用假按摩、真放松的方法：大家先围成一圈，然后每个人闭起眼睛，把双手放在前面一人的肩上，慢慢地替他按摩，由肩移至腋下，然后再一次由肩按摩起，直到你想象自己的腋下被人搔得想笑。这样因为想笑而放松了自己，你自然不会再害羞了。

机会总青睐那些已经做好准备的人

适用写作关键词：勤奋　厚积薄发

聪明的应聘者

20世纪80年代，在美国有一家实力公司——维斯卡亚公司，吸引了很多前来应聘的大学毕业生。

这群求职者里有个叫史蒂芬的人，他是哈佛大学机械制造专业的高才生。和很多其他人一样，他也不幸地被拒绝了，但他并未死心，而是采取了迂回的措施。他决定先“混”进这家公司再说。他先找到公司人事部负责人，表示愿意无偿为这家公司提供劳动力，只要能让他在这家公司，哪怕不计报酬，也能完成公司安排给他的任何工作。

无偿工作？负责人当然同意了。但史蒂芬毕竟得养活自己，于是，一年的时间里，他白天在这家公司勤勤恳恳地工作，晚上还得去酒吧打工。令史蒂芬失望的是，虽然他得到了所有同事和负责人的认同和好感，但公司并没有提及正式录用他。不过机会很快来了。那是90年代初，这家公司的许多订单纷纷被退回，理由均是产品质量问题，为此公司蒙受了巨大的损失。此时，史蒂芬果断地站了出来，发表了自己的看法。

在公司会议上，史蒂芬慷慨陈词，对公司出现这一问题的原因做了令人信服的解释，并且就工程技术上的问题提出了自己的看法，随后拿出了自己对产品的改造设计图。这个设计非常先进，恰到好处地保留了机械原来的优点，同时克服了已出现的弊病。总经理及董事会的董事见到这个编外清洁工如此精明在行，便询问了他的背景以及现状，尔后，史蒂芬被聘为公司负责生产技术问题的副总经理。

原来，史蒂芬这是退而求其次的一种办法，面试被拒后，为了能留下来，他便无偿为公司工作，并借此机会了解了公司的所有情况，这才有了他后来如此出色的表现。

史蒂芬为什么能一举成功，让公司高层领导对其能力加以肯定并由一名小小的清洁工成功晋升为技术问题副总经理？原因很简单，他懂得厚积薄发，伺机而动，因为他做足了充分的准备工作，在该公司最需要自己的时候及时出现，以自己过硬的专业知识帮其解决了技术问题。我们不难想象，假如他空有为公司担当的勇气而没有一个完备的表现自己的计划、没有过硬的实力，那恐怕这种表现只会适得其反。

知识窗

美国是什么时候建国的？

有种说法是1776年7月4日《独立宣言》的发表；而且今天美国的国庆节也是7月4日。但当时美国还不是一个完整意义上的国家。其真正变成国家的标志，是1787年第一部宪法的颁布！

励志点金石

运气对一个人来说，在适当的时间处于适当的地点等方面都起着重要的作用。——艾森豪威尔

任何事情只要你钻得深，就引人入胜，就越来越重要。——洛克菲勒

为你支招

人的一生中，机遇至关重要。但如果不努力，不提高自身素质，则机会很难降临。男孩，可能平凡的你明白，天下不会掉馅饼，你也知道需要努力，需要为机遇积累实力，但这不是一句空话，更需要你们付诸实践。

为此，成长阶段的男孩们，你们需要谨记以下两点：

1.做好积累

尽管当下你还是一名学生，还未进入社会，但你必须要从现在起就做好积累，这里的积累莫过于积累科学文化知识和各种能力的训练。你要明白，你生活在一个充满机遇的世界里，只要你加强知识的积累，拥有敢为天下先的创造意识和勇气，在未来社会把握时机，那么你就会获得成功。

2.用心发现机遇

当然，现下的你还谈不上抓住机遇、追求成功，但从现在起，你必须要培养自己敏锐的观察力和冷静的头脑。这一点，你必须要融入日常的学习和生活中。遇到事情时，切不可盲目冲动，而应该静下心来，哪怕是再小的机会也不放过。

总之，机遇无处不在，关键是看你能否把握住它。偶然的机会只对那些勤奋工作的人有意义。成功的秘密在于，当机遇来临的时候，你已经做好了把握住它的准备。时刻准备着，当机会来临时你就成功了。

男孩该知道，成长是你自己的事

适用写作关键词：刚毅　信念

松下幸之助

日本“经营之神”松下幸之助，小时候在乡下看见农民洗甘薯，不仅觉得很好玩，还悟出了一番做人的道理。在乡下，农民用木制的特大号水桶装满要洗的甘薯，然后用一根扁平的大木棍不停地搅拌。在木桶里，大小不一的甘薯，随着木棍的搅动，忽沉忽现。有趣的是，浮在上面的甘薯不会永远在上面；沉在下面的甘薯，也不会永远在下面。甘薯总是浮浮沉沉，互有轮替。

洗甘薯是这样，生活何尝不是这样！松下深有体会地说：“这种沉沉浮浮、互有轮替的景象，正是人生的写照。每一个人的一生，不会永远春风得意，也不会永远穷困潦倒。这样持续不停地一浮一沉，就是对每个人最好的磨炼。”

松下在商界声名显赫，业绩辉煌，可是他的一生并不幸福：11岁辍学；13岁丧父；17岁差一点淹死；20岁不但丧母，而且得肺病几乎亡故；34岁，唯一的儿子出生仅6个月就病故；他一生受病魔纠缠，常常因病而卧床。这就是松下幸之助的一生。然而，每当遭受打击与挫折时，他就会想起乡下人洗甘薯的那一幕，因此，他百折不挠，越挫越勇，转败为胜，化危为安。

在人生道路上，困难和挫折是难免的，人生的起起落落也无法预料，但是，当我们遇到逆境时，千万不要忧郁沮丧。无论发生什么事情，无论你有多么痛苦，都不要整天沉溺于其中无法自拔，不要让痛苦占据你的心灵。逆境来临时，你要有勇气直面它、打倒它，并以顽强的意志战胜它。

我们都知道，自信是对自己的高度肯定，是成功的基石，是一种发自内心的强烈信念。我们需要自信，无论在生活还是工作中，一个自信的人，常看到事情的光明面。同样，生活中的每一个男孩，也应该培养自己的自信心，自信的男孩不论走到哪里都光彩夺目。为此，你要告诉自己：我是最棒的。拥有这样的信念，无论处于怎样的境地，你都能做到自强自立，都能有优秀的表现，并挖掘出你意识不到的潜力。

知识窗

松下幸之助是日本著名跨国公司“松下电器”的创始人，被人称为“经营之神”“事业部”“终身雇佣制”“年功序列”等日本企业的管理制度都由他首创。松下公司是一个跨国性公司，在全世界设有230多家公司，员工总数超过25万人。截至2008年4月1日，松下公司在中国有员工十万多人。2007年全年的销售总额为700多亿美元，为世界制造业500强的第59位。

励志点金石

我们应该有恒心，尤其要有自信力！我们必须相信我们的天赋是用来做某种事情的，无论代价多大，这种事情必须做到。——居里夫人

只有满怀自信的人，才能在任何地方都怀有自信地沉浸在生活中，并实现自己的意志。——高尔基

为你支招

自信，使不可能成为可能，使可能成为现实。不自信则使可能变成不可能。自信才能带来自立和自强，一分自信，一分成功；十分自信，十分成功。做一个满怀信念的男孩，你需要做到：

1.打破常规，敢想敢做

现在的你正处于一个爱幻想的年纪，你不需要走别人的老路，你可以打破常规，走没有人走过的路，并留下自己的脚印。

2.培养自己的独立自主能力

你应该在生活中照顾自己，遇到困难时，也不要总是想着求助于父母，当然，有些问题你也可以寻求父母的指导。

3.坚持信念，看到希望

的确，无论做什么事，都有可能遇到困难，在困难面前，大部分人会选择放弃，而只有少数人能坚持到最后。这是因为他们坚定地相信自己坚持下去就一定会取得最后的成功，而大多数人却被暂时的困难和挫折蒙蔽了自己看到希望的眼睛！

总之，人生是一场面对种种困难的“无休止挑战”，也是多事多难的“漫长战役”，这场战役必须由我们每个人自己去打，其他人是无法代替的。同样，对于成长期的男孩来说，无论在学习上还是生活上，你都必须自己面对，若总是缺乏主动性和信心，那么，你的这场人生之战终会失败。

消除自卑，做最自信的自己

适用写作关键词：自我肯定　自信

摆脱自卑的布拉格

美国历史上第一位荣获普利策新闻奖的黑人记者伊尔·布拉格，在回忆自己童年经历时说："我们家很穷，父母都靠卖苦力为生。我一直认为，像我们这样地位卑微的黑人是不可能有什么出息的，也许一生只能像父亲所工作的船只一样，漂泊不定。"

布拉格9岁那年，父亲带他去参观凡·高的故居。在那张著名的吱嘎作响的小木床和那双龟裂的皮鞋面前，布拉格好奇地问父亲："凡·高不是世界上最著名的大画家吗？他难道不是百万富翁？"父亲回答他说："凡·高的确是世界著名的画家，同时，他也是一个和我们一样的穷人，而且是一个连妻子都娶不上的穷人。"

又过了一年，父亲带着布拉格去了丹麦，在童话大师安徒生墙壁斑驳的故居，布拉格又困惑地问父亲："安徒生不是生活在皇宫里吗？可是，这里的房子竟这样破旧。"父亲答道："安徒生是个砖匠的儿子，他生前就住在这栋残破的阁楼里。皇宫只在他的童话里才会出现。"

从此，布拉格的人生观完全改变。他不再自卑，不再以为只有那些有钱有地位的人才能出人头地。他说："我庆幸有位好父亲，他让我认识了凡·高和安徒生，而这两位伟大的艺术家又告诉我，人能否成功与贫富毫无关系。”

可见，我们只有自己摒弃自卑，才会成为强者。的确，人活于世，靠的就是自信。只有自信才能让你看到人生的航向，找到前进的目标，让你找到真实的自我。如果一个人缺乏自信心，他在这世上就过得昏昏沉沉，不仅迷失自我，甚至被世界所遗忘。自古以来，那些成功者，为什么能实现自己的人生目标？因为自信！因为，一个人只有相信自己，才可能采取行动，去完成自己的事情。自信是走向成功的第一步。

知识窗

汉斯·克里斯蒂安·安徒生（1805—1875），19世纪丹麦著名的童话作家，既是世界文学童话的代表人物之一，也是个虔诚的基督教徒，被誉为“世界儿童文学的太阳”。他最著名的童话故事有《小锡兵》《海的女儿》《拇指姑娘》《卖火柴的小女孩》《丑小鸭》《皇帝的新装》等。安徒生生前曾得到皇家的致敬，并被高度赞扬：给全欧洲的一代孩子带来了欢乐。他的作品《安徒生童话》已经被译为150多种语言，成千上万册童话书在全球陆续发行和出版。

励志点金石

由于痛苦而将自己看得太低就是自卑。——斯宾诺莎

在真实的生命里，每项伟业都由信心开始，并由信心跨出第一步。——奥格斯特·冯·史勒格

信念，你拿它没办法，但是没有它你什么也做不成。——撒姆尔·巴特勒

为你支招

生活中的男孩大部分时间都生活在集体中，自然很容易拿自己和周围的朋友、同学相比，当自己的某一方面不如他们的时候，自卑感油然而生，然后

把这种不如人的想法积压在心中，甚至不愿意与朋友、同学相处。为此，男孩们，你们可以这样帮助自己解除自卑的枷锁：

1.运用补偿心理超越自卑

这种补偿，其实就是一种“移位”，即为克服自己生理上的缺陷或心理上的自卑，而发展自己其他方面的长处、优势，以赶上或超过他人的一种心理适应机制。正是这一心理机制的作用，自卑感成了许多成功人士成功的动力，成了他们超越自我的“涡轮增压”。

2.掌握一些消除自卑的方法

其实，每个人身上都有无法代替的优点和潜能，你需要自我发现并将其发挥出来，这样，你就能自信起来。你不妨尝试以下方法。

想一想：对于挫折，你要换个角度来想，挫折和失败是对人的意志、决心和勇气的锻炼。人是在经过了千锤百炼后才成熟起来的，重要的是吸取教训，不犯或少犯重复性的错误。

比一比：与同学、好友相比，这没错，但不能只看到自己的缺点和不如人的地方。你要这样想，我虽说比上不足，但比下有余，以及时调整心态，以保持心理平衡。不因小败而失去信心，不因小挫折而挫伤锐气。

走一走：到野外郊游，到深山大川走走，散散心，极目绿野，回归自然，荡涤一下胸中的烦恼，清理一下浑浊的思绪，净化一下心灵的尘埃，唤回失去的理智和信心。

这世上的一切都借希望而完成

适用写作关键词：意志　希望

只要去做，没有什么是不可能的

福特汽车公司的创始人亨利·福特决定生产V8型引擎。这是一个创造性的想法，在当时，连底特律最杰出的工程师都认为这是不可能的。但亨利·福特下决心无论如何也要生产出这种引擎。他对那群一筹莫展的工程师们说："只要去做，没有什么是不可能的。"

一年很快就过去了，工程师们几乎试了所有办法，就是无法攻破技术难关。他们找到福特再一次强调"这事根本不可能实现"。但福特并没有灰心，他命令工程师们继续去做。

半年过去了，工程师们做了成千上万次的实验，回答结果仍然是："根本行不通！"

"继续做，放心做下去。普通人看似不可能的事情最有价值可做，我不是普通人，你们也要超越普通人。"福特仍然没有放弃。

一年时间很快就过去了，工程师们还是没有任何进展。"继续做！"福特执着而坚定地说，"我就是要八缸引擎，一定要做到！无论如何要做到。"

终于，奇迹出现了，他们找到了诀窍，最终设计出了V8型引擎。"简直太不可思议了，我们成功了。"当工程师们击掌相庆时，亨利·福特也露出了欣

慰的笑容。

在很多人看来，生产这种V8型引擎完全是不可能的，但福特不这么认为，他认为“只要去做，就没有什么不可能”，而实践证明，他的话是正确的。

知识窗

福特汽车公司创始于20世纪初，其创始人是亨利·福特，他创造这家汽车生产公司的原则是“制造人人都买得起的汽车”。目前，它已经发展为世界最大的汽车企业之一，已拥有许多世界著名汽车品牌：福特（Ford）、林肯（Lincoln）、水星（Mercury）等。此外，福特公司还拥有全球最大的信贷企业——福特信贷（Ford Financial），全球最大的汽车租赁公司Hertz和客户服务品牌Quality Care。2008年经济危机时，福特是唯一一家没有依靠国家救济而自己走出经济危机的汽车集团。

励志点金石

“不可能”这个词，只在愚人的字典中找得到。——拿破仑

去做你害怕的事，害怕自然就会消逝。——罗夫·华多·爱默生

这世上的一切都借希望而完成。农夫不会播下一粒玉米，如果他不曾希望它长成种粒；单身汉不会娶妻，如果他不曾希望有小孩；商人或手艺人不会工作，如果他不曾希望因此而有收益。——马丁·路德

为你支招

男孩，每个人都应该有自己的梦想，而你现阶段的学习也正是为了实现自己的梦想。但前提是，你要具备敢想这种品质。这样，不管你现在是不是一个学习成绩优异、深受父母与老师喜爱的学生，你都可以完善自己的现状，你也

能把“不可能”变成“可能”，你也可以成为一个成功的人。为此，你需要明白以下两点：

1.下定决心，付诸行动

成功的第一个秘诀就是要下定决心。当一个人决定一定要成功的时候，他的潜能才可以真正地被激发出来。否则，即使你的理想再超前，行动也始终是滞后的。也就是说，男孩，你要认识到，如果你有理想、有信念，你就必须从现在开始，找准自己前进的方向，并脚踏实地地去为自己的理想奋斗！

2.面对问题，再坚持一下

当你遇到难题或困难时，永远不要让“不可能”束缚自己的手脚，有时候，只要再向前迈进一步，再坚持一下，也许“不可能”就会变成“可能”。而成功者之所以能成功，就是因为他们对“不可能”多了一分不肯低头的韧劲和执著。

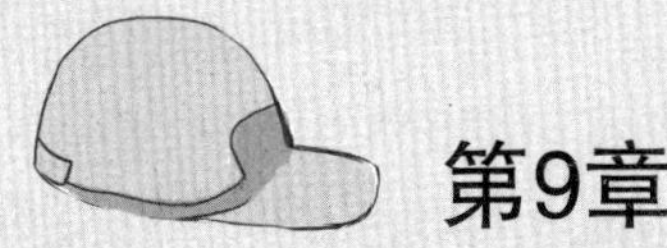

第9章

别让坏心情抬头：做个心态阳光的男孩

人们常说，人生苦短，人生旅途上，我们不可能总是被阳光照耀，我们总会遇到一些羁绊。莎士比亚说过：“聪明的人永远不会坐在那里为自己的损失而哀叹。他会用情感去寻找办法来弥补自己的损失。”男孩们，你们正处于性格逐渐形成的时期，对于生活中的那些不如意，你也要学会勇敢、坚强、乐观一点，放下那些悲痛和忧伤，这样才能让内心充满快乐，继续前行，并拥有一个美好的前程！

乐观的心态，是人生最暖的阳光

适用写作关键词：阳光　乐观

躲在乌云后面的太阳

有一天，在某个公交站牌处，一个小男孩和妈妈起了争执。

小男孩有点生气地对妈妈说："我就要去海边玩，为什么你不让我去？"

妈妈劝他："不是早说过了吗，今天出太阳了咱就去，但今天没有出太阳啊，而且天气预报说还可能要下雨呢，还是改天再去吧。"

"妈妈骗我，今天出太阳了……"

妈妈笑了起来，问道："哪里有啊，不要骗人，你说说，太阳到底在哪儿？"

小男孩抬起头来，东看看西瞧瞧，然后指着天空喊："那不是在那儿嘛。"

"没有啊，那只是乌云而已。"

"对呀！"没想到，小男孩一副非常认真的样子，"太阳就躲在乌云的后面呢，等一会儿乌云一走开，不就出来了吗？"

听到小男孩的话，所有等车的人都笑了。

对于积极的人来说，太阳每天都在天空中，有的时候我们看不见它，那是

因为它正躲在云的后面，而乌云总有散开的时候，就如人生总有诸多的幸福会接踵而来一样。

生活中的男孩，乌云密布的时候，你是怎样看待的呢？如果你也能看到乌云后的太阳，那么，你也是个积极的人。

知识窗

太阳是太阳系中唯一的恒星和会发光的天体，是太阳系的中心天体，太阳系质量的99.86%都集中于太阳。太阳系中的八大行星、小行星、流星、彗星、外海王星天体以及星际尘埃等，都围绕着太阳运行。而太阳则围绕着银河系的中心运行，也就是公转。太阳是位于太阳系中心的恒星，它几乎是热等离子体与磁场交织着的一个理想球体。

励志点金石

乐观的态度，是你最好的药。——马歇尔·霍尔

乐观的心态，就是最强劲的兴奋剂。——所罗门

生活，就应当努力使之美好起来。——托尔斯泰

为你支招

乐观就像心灵的一片沃土，为人类所有的美德提供丰富的养分，使它们健康地成长。它使你的心灵更加纯净，意志更加富有弹性。的确，一个乐观开朗的人，无论面对什么样的生活，都有能力重新开始，即使在地狱中，也能重新走入天堂。对于任何一个人来说，这是比什么都重要的财富。

任何一个十几岁的男孩，都要在这个人生阶段培养自己开朗、乐观的性格。这样，你的积极不仅会感染他人，让你更有魅力，还能帮你坦然面对未来人生路上的种种困难。

那么，如何让自己变得开朗起来呢？男孩应注意做到以下几点：

1.完善个性品质

其实，只要你拥有良好的交往品质，走出恐惧的第一步，你就能受到朋友们的喜欢，慢慢地，心结也就打开了。“人之相知，贵相知心。”真诚的心能使交往双方心心相印，彼此肝胆相照，真诚的人能使交往者之间的友谊地久天长。

2.正确评价自己和他人

孤僻的人一般都不能客观地评价自己，他们要么自命不凡、不屑与他人交往，要么认为自己不如人，表现出自卑、内向的心理倾向，他们不敢与人交往，害怕被人拒绝。于是，他们把自己包裹起来，从而保护自己脆弱的自尊心。

因此，如果你是一个孤僻者，你首先要做到的就是正确地认识别人和自己，多与他人交流思想、沟通感情，享受朋友间的友谊与温暖。

你要自信起来，一个人只有自爱，才能被他人爱。人际交往中，那些自信的人总是能表现得不卑不亢、落落大方，而不是盲目清高、孤芳自赏。同时，他们善于听从他人的劝告，勇于改正自己的错误，因此，他们总是能不断进步。

3.培养健康情趣

健康的生活情趣可以有效地消除孤僻心理。闲暇时，你不妨潜心钻研一门学问，或学习一门技术，或者听听音乐、看看书，养养花草等。

4.学习交往技巧

你可以多看一些有关人际交往类的书籍，多学习一些交往技巧，同时，可以把这些技巧运用到人际交往中。长此以往，你会发现，你的性格越来越开朗，你的人际关系也越来越好；同时，你会发现，你收获了不少知识，你的认知上的偏差也得到了纠正。

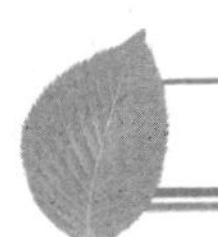

你不能改变环境，但是可以改变自己

适用写作关键词：改变　突破

两则故事

一则讲的是美国为宇航员研制太空舱专用笔的故事：众所周知，在外太空低温失重的状态下，宇航员在太空舱里用墨水笔写不出字。美国太空总署为了解决这个问题，专门拨出一大笔科研经费，组织了一批科研人员攻关，花了很大代价，终于研制出了一种在低温无重力下能写出字的“太空笔”，取得了了不起的成就。而苏联的宇航员则换一种思路，改用铅笔，轻松地解决了在太空舱书写的问题。

无独有偶，日本有家著名的化妆品公司，由于包装流水线出了一点问题，致使有的香皂盒子里面没有装入香皂，遭到了客户的投诉。该公司对此非常重视，投入了大量的人力、物力和时间，研发出了一台X光监视器，专门用于透视生产线上每个包装好的香皂盒。另一家小公司也因类似问题接到客户的投诉，他们的解决方法则简便得多：买来一台大功率工业用电风扇，安放在产品输送带的末端，强大的风力便将那些没放香皂的空盒吹走了。

两则故事给男孩的启示是多方面的。有时候，灵光一现似的转换一种思路，给我们带来的创新效益更能让人耳目一新，就像苏联宇航员和日本小公

司，将小学生用的铅笔和工业用的电风扇派上了大用场。这样的创新思路，为我们打开了创新路上的另一道门。在环境不变的情况下，转变思路、换种方式，也许更容易走向成功。

人不能改变环境，但可以改变自己。只要你换一种思路去对待人生，那么你的世界将无限畅达。

知识窗

电风扇究竟是谁发明的，现在已经很难找到相关的资料了。

据说，1882年，美国纽约的克罗卡日卡齐斯发动机厂的主任技师休伊·斯卡茨·霍伊拉最早发明了商品化的电风扇。第二年，该厂开始批量生产，当时的电扇，是只有两片扇叶的台式电风扇。

1908年，美国的埃克发动机及电气公司，成功研制出世界上最早的齿轮驱动左右摇头的电风扇。这种电风扇防止了不必要的三百六十度转头送风，而成为后来销售的主流产品。

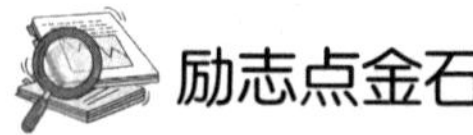

励志点金石

今日的世界，并不是武力统治而是创新支配。——松下幸之助

想象力比知识更重要。——爱因斯坦

距离已经消失，要么创新，要么死亡。——托马斯·彼得斯

为你支招

男孩，如果你希望自己在未来有所建树，那么，从现在起，你也要学会独立思考，做个有想法的人。想法虽然看不见、摸不到，但它真实地存在着。有什么样的想法，就会有什么样的命运。

为此，你可以这样锻炼自己：

1.敢于否定，打破传统思维

曾有人这样诠释创新："你只要离开常走的大道，潜入森林，你肯定会发现前所未有的东西。"创新的成功，总是源自创新者的强烈创新意识。要想摆脱传统观念和习惯思维的局限，就要鼓励自我打破思维禁锢，突破常规的路线，激活创新的意识。

2.善于变通，敢于尝试

变通思维是创造性思维的一种形式，是创造力在行为上的一种表现。思维具有变通性的人，遇事能够举一反三、闻一知十，做到触类旁通，因而能产生种种超常的构思，提出与众不同的新观念。科学领域中的任何建树，都需要以思维的变通为前提。一般来说，变通思维用好了，就会起到一种"柳暗花明"的奇妙作用。

当然，灵活的思维方式是需要从日常生活中开始的，当你每天早晨打开窗户的时候，就会感受到一股新鲜的空气。于是，你感觉自己的身心是那么轻松。接下来要做的事情就是，投入到每天的学习或工作当中——好像这个世界上的事情永远做不完似的。而最重要的是，你可以每天让自己多出一点新奇的想法，给生活增添一点新奇的意味。如果你这样去做了，那么，你就等于在努力突破自我，虽然现在还没有奇迹发生，但至少你和原来的你已经是不同的了。

选择快乐，你就可以笑对人生

适用写作关键词：必胜　信念

一场特殊的足球比赛

第二次世界大战期间，在德国纳粹集中营，飞扬跋扈的德国士兵要求英国战俘与他们进行一次足球比赛。在这些战俘中，有个叫贝鲁姆的人，他曾经是一名优秀的狙击手。他和所有的战俘都明白，这场比赛是不可能公平的，这只不过是纳粹分子一种变相折磨战俘的手段而已。

果然，在比赛前，这些德国士兵就已经在食物和水上克扣起来了，没有充足的体力，英国战俘自然输了比赛，这些德国士兵便借机嘲笑英国人。

但是，就在圣诞节前的一次比赛中，出现了一次意外，这次比赛完全震惊了在座的所有的德国高级军官。比赛前，所有的狱友都节省下了一点面包，然后送给贝鲁姆，这下子，贝鲁姆的体力够充足了。

在比赛刚开始前的三分钟，贝鲁姆的表现就让德国士兵震撼了。他铆足了劲儿，顺利突破了对方的防守，然后冲入敌人的禁区，一脚抽射，首破德国人的大门。

最后，德国队依然胜利了，但是他们所谓的战无不胜的神话被一个缺少食物的战俘打破了。当然，贝鲁姆肯定逃不过德国军队的惩处，他被秘密处死了。其实，贝鲁姆早就料到了这一点。一位英国作家曾经多次提到过这个叫贝

鲁姆的人，他说，那场圣诞球赛后，贝鲁姆成为集中营中希望和信念的支柱。

五十多年后，英国的一家体育电台播出了这个故事，结果接到了上千个电话，其中有一位老人是贝鲁姆的战友，他说，自从贝鲁姆进了一球后，他就坚信英国必胜。

贝鲁姆为什么能胜利？因为他坚信自己能成功，因此，他是积极乐观的。的确，人的一生就像一场比赛，你不可能总是常处优势地位，有时候你会被淘汰出局；但只要你继续参加比赛，就有希望存在，总会获得让你满意的成绩。天才未必就能富有，最聪明的人也不一定幸福，想要摆脱人生的困境，你就要让希望的阳光照进心田，就要努力拯救自己摆脱困境。

知识窗

第二次世界大战：

这场战事是反法西斯世界战争，战争从1939年9月1日开始，到1945年9月2日结束。这场战争的一方是以德国、意大利、日本构成的法西斯轴心国及保加利亚、匈牙利、罗马尼亚等仆从国；另外一方是反法西斯同盟和全世界反法西斯的力量。这场战争是全球规模的，持续时间长，损失惨重，最终以反法西斯的胜利为结局。

励志点金石

青年人，我们要鼓足勇气！不论现在有人要怎样与我们为难，我们的前途一定美好。——雨果

青春是人生最快乐的时光，但这种快乐往往完全是因为它充满着希望。——卡莱尔

青春啊，难道你始终囚禁在狭小圈子里？你得撕破老年的蛊惑人心的网。——泰戈尔

为你支招

的确，人生在世，快乐地活着是一生，忧郁地过也是一生，是选择快乐还是忧郁？这完全取决于做人的心态。正确的做法就是不断地培养自己乐观的心态，远离悲观。乐观既是一种生活艺术，又是一种养生之道。

为了培养乐观的精神，男孩，你可以这样做：

1.摒除那些消极的习惯用语

消极的习惯用语一般有：

"我真是不知道如何是好了！"

"这道题真是解答不了了！"

"我真累坏了。"

……

相反，你可以这样说来激励自己：

"累了一天，能这样休息真好啊！"

"再大的困难，我也能挺过去！"

"我一定要把这道题解出来。"

"我就不信我战胜不了你！"

2.听听愉快、鼓舞人的音乐

每天早上，当你起床后，要尽量接触那些积极的信息，如果可能，和一位积极心态者共进早餐或午餐。不要去看早上的电视新闻。你只要浏览一下当天报纸上的几条重要新闻即可，它已足以让你知道将会影响你生活的国际或国内新闻。

3.从事有益的娱乐与教育活动

观看介绍自然美景、家庭健康以及文化活动的录像带；

挑选电视节目及电影时，要根据它们的质量与价值，而不要只关注其商业吸引力。

总之，只要抱着乐观主义，必定是个实事求是的现实主义者。而这两种心态，是解决问题的孪生子！

正视人生的得失，失去也是一种得到

适用写作关键词：平和　淡然

别为打碎的花瓶而生气

有个老人，他不喜欢下棋，不喜欢喝茶，就喜欢养花养草，每天的大部分时间都会花在这上面。

一天，老人要回老家，出门前，他反复叮嘱自己的儿子一定要照看好那些宝贝盆景。老父亲交代了，儿子自然不敢怠慢。因此，在父亲外出的这些天，儿子都很精心地照看。但可能是因为他太小心了，一天中午，他在给这些盆景浇花的时候不小心打碎了一盆花。儿子因此非常害怕，准备着等父亲回来后接受处罚。

老人回家后，儿子将这件事告诉了他，谁知道，老人非但没有责备儿子，反而说："我栽种盆景是用来欣赏和美化家里环境的，不是为了生气的。"

老人说得好，他种植盆景，并不是为了生气。因此，他的心情也不会因盆景的好坏而受到影响。如果无欲无求，了无牵挂，则气无处生。

男孩，你也应该从这个故事中得到启发：人生充满得失，我们不必在意，有时候事情并没有我们想象的严重。

知识窗

盆景知识：

在我们的日常生活中，不少人都喜欢养花种草，喜欢在屋内放一些盆景，因为盆景不仅能改善居住环境，还能调节心情。

盆景是以植物和山石为基本材料，在盆内表现自然景观的艺术品。它以植物、山石、土、水等为材料，经过艺术创作和园艺栽培，在盆中典型、集中地塑造大自然的优美景色，达到缩龙成寸、小中见大的艺术效果，同时以景抒怀，表现深远的意境，犹如立体的美丽的缩小版的山水风景区。

励志点金石

你若得到了一些东西，你就同时失去了一些东西。——武侠小说家古龙

虽然霹雳只击倒一人，但更多的人被吓得失魂落魄。——古罗马诗人奥维德

只要你不计较得失，人生还有什么不能想法子克服的？——美国作家　海明威

为你支招

思维心理学专家史力民博士指出：“乐观是成功的一大要诀。”他说，失败者通常有一个悲观的“解释事物的方式”，即遇到挫折时，总会在心里对自己说：“生命就这么无奈，努力也是徒然。”由于常常运用这种悲观的方式解释事物，无意中就丧失了斗志，不思进取了，也就错过了人生中最美好的“群星”。

当然，处于花季的男孩，可能也会有一两件伤心的、不如意的事，但既然已经是过去，你就要学会遗忘，要做到看淡得失，你需要做到：

1.保持平常心

以一颗平常心去看待胜败，即要求我们无论胜败都当作生活中的普通事件。某一次的失败并不代表什么，就像走路的时候不小心被石头绊了一下。而成功也只是相对而言的，“山外有山，人外有人。”比我们成功的人多的是。

2.准确定位自己，放远视线

我们要给自己作正确的定位，别把自己的眼光拘囿于一块狭小的天地，不妨视线放长远一些，目光放高一些。此时的失败与成功只是我们人生路上的一个小小的经历而已。

3.心理调节，做好转化

在失败时，如果选择放弃，那我们永远也不会得到成功的眷顾。我们应该客观地去看待“成功”和“失败”。“成功”和“失败”是可以互相转化的，我们只有经历过“失败”才能体会“成功”是何等珍贵；也只有在“成功”后才会知道“失败”的意义。

生命是一个体验的过程，体验酸甜苦辣，看淡成败得失，眺望远方，活在今天，坦然地走下去，才能在平淡之中看见惊喜和美好！

所以，生活中的每一个男孩，都应该学会正视人生的得失，世间万事万物，来来去去，本就没有一个定数，我们不能左右世事，但可以左右自己的心。当我们拥有时，我们要懂得珍惜，失去时，也不可过分执着。人有悲欢离合，月有阴晴圆缺，以一颗淡然的心面对，我们的心就会释然很多。

做自己就好，你不可能让所有人都喜欢

适用写作关键词：个性　独特

你不可能让所有人都喜欢

2009年，贝克汉姆在回归洛杉矶银河队后的首个主场比赛中遭到了球迷的嘘声和抗议。

赛后接受美国当地媒体的采访时，贝克汉姆表示自己并不在意球迷的嘘声，他说："我不在乎。你不可能让所有的人都喜欢你。"在当天的比赛中，贝克汉姆用场上出色的表现回击了来自球迷的嘘声。银河队打入的两个进球都和小贝有关，其中一球还得益于他的直接助攻。

就连曾经公开批评过贝克汉姆的银河队球员多诺万也表示："如果大卫一直保持这样的状态，我确信他最终能赢回球迷的支持。"

的确，要想打破他人的成见，我们最应该做的事就是做好自己，用实力给他们致命的一击，正如贝克汉姆的表现一样。当然，即使那些偏见永远存在，我们也不必为之伤脑筋。

知识窗

大卫·贝克汉姆（David Beckham），1975年5月2日出生于伦敦雷顿斯通，英国足球运动员。

青少年时期在曼联成名，1999、2001年两次获世界足球先生银球奖，1999年当选欧足联最佳球员，2001年被评为英国最佳运动员，2010年获得英国广播公司终身成就奖。

励志点金石

面对别人的不喜欢应有坦然的态度。对方若是从生理上厌恶你，即便你如何礼貌地对待他，他都不会立刻对你改观。不可能让全世界的人都喜欢你。以平常心相待便是。——尼采

走自己的路，让别人去说吧。——但丁

你不可能同时得到所有人的喜欢。——美国前国务卿鲍威尔

为你支招

我们不难发现，那些真正的成功者多半都是特立独行的，他们从不奢求让所有人喜欢他们，在他们追求成功的道路上，他们也听到了一些他人的闲言碎语，但他们始终坚持做自己，坚持自己的信念，最终，他们成功了。因此，生活中的我们也要明白一个道理：让所有人都喜欢我们是很不成熟的想法，不必委曲求全，做好自己，你才能获得快乐。

生活中的男孩，对于那些非议，你可以这样调节自己的心态：

1.别指望把所有事都做好

把事情做好的方法有很多，但首要的一条就是“不要试图把所有的事情都做好”；处理人际关系的准则也有很多，但最重要的一条是：“不要试图让所有人都喜欢你。”因为这不可能，也没必要。

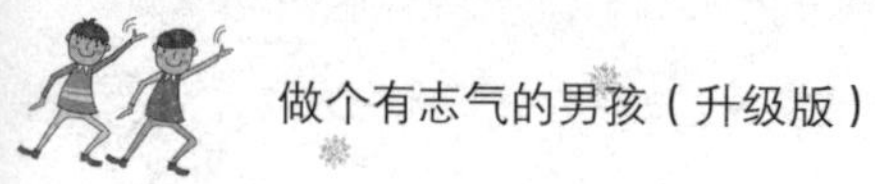

2.别指望获得所有人的喜欢

有人问孔子："听说某人住在某地，他的邻里乡亲全都很喜欢他，你觉得这个人怎么样？"

孔子答道："这样固然很难得，但是在我看来，如果能让所有有德操的人都喜欢他，让所有道德低下的人都讨厌他，那才是真正的君子呢！"

世界上确实有不少人，你越是努力和他结交、努力给他帮忙，他越是不把你放在眼里。反之，如果你做出成绩了，且不狂妄自大，自然能赢得别人的敬重。

然而，即使你做得再完美，仍然会有人看不惯你，仍然会有很多不利于你的传言。对某些心胸比较狭隘的人来说，你不需要招惹他，你在某方面比他优秀，这就已经招惹他了。

3.学会辩证地看待他人的非议

做任何事情，来自外界的评价都是两方面的，所以不要只看到杯子有一半是空的，也应该看到它还有一半是满的。对于别人的批评，有则改之，无则加勉，但没有必要因此影响到自己的心情。对于看不惯你的人，如果他发现了你的缺点，应该勇于改正；如果是误会，应该解释；解释不清，就不去解释，不妨敬而远之；敬而远之尤不可得，就避而远之。

4.总有爱你的人

你需要记住的是，你的家人是爱你的，你总有那么几个互相欣赏互相尊重的朋友，只要做人做事无愧于心，就没必要在乎那些少数人的眼光。

总之，男孩，你需要明白，无论你怎么做人做事，总是有人欣赏你；让所有人喜欢是件不可能的事，想让所有人讨厌也不那么容易。

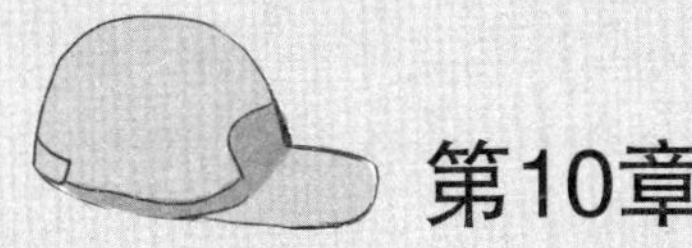

第10章

每天进步一点点，做个有张力的男孩

中国人常说："功到自然成。"这句话的含义是，在追求明天的路上，如果做不到不懈努力，就会与成功失之交臂。法国生物学家巴斯德说得好："告诉你我达到目标的奥秘吧，我唯一的力量就是我的坚持精神。"任何一个成长期的男孩，都应该记住这句话，在日常生活中克服浮躁，坚持努力学习，你就会收获一个灿烂的未来！

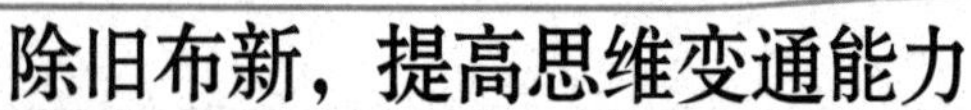

除旧布新，提高思维变通能力

适用写作关键词：与时俱进　变革

“无边界行为”

杰克·韦尔奇提出的“无边界行为”，打破GE十三大业务集团的界限，使之像“小公司”一样灵活，已经成为通用非常重要的管理价值观。通用所有部门的所有员工都已接受了这种工作方式，相互之间有非常好的沟通环境和团队合作的氛围。“无边界行为”非但没有和有序的组织管理发生冲突，反而为通用创造了一种自由、轻松、平等的沟通环境。

许多企业，总是不断地告诉员工企业需要变革、需要创新。在企业组织的会议或学习中，多达几十页的PPT只顾着强调变革的理由，却没有任何内容来阐释如何帮助员工建立“我们一定能成功实现这项变革”的信心。

通用电气公司开始谈论“绿色创想”时，解决了这一问题。首席执行官杰夫·伊梅尔特说：“寻找可持续性更高的经营方式，这种社会发展趋势显而易见，如果能乘此东风，那么我们就会为将来的发展而占得先机。”通用电气公司开展了一次绿色审核，找出他们已有的在业内一流的绿色产品，并开始对雇员突出强调这些现成的绿色产品的领域。LED3照明系统（可以发出很亮的光，但所耗电力仅为其他系统耗电量的10%）就是这样的领域。然后，通用电气公司说：“我们就是那种能在日益注重可持续性的新业务环境中获得成功的人。”

通用的变革成功了！这一成功得益于无边界行为的提出。生活中，我们常听他人说“与时俱进”这一词，也就是说，我们在做人做事时，要懂得变通，毕竟我们所生活的时代每天都在变幻，守旧的思维模式只能让我们被时代抛弃。事实上，自古以来，人类的进步就是因为能做到与时俱进，能做到思维的创新，可以说，人类如果故步自封，就只会停滞不前。同样，对于个体来说，能不能做到思维上的与时俱进，直接关系到一个人的事业成败，因为只有创新才能激活自己全身的能量。

知识窗

杰克·韦尔奇是通用电气（GE）董事长兼CEO。在短短20年间，这位商界传奇人物使GE的市场资本增长30多倍，达到了4500亿美元，排名从世界第10提升到第1。他所推行的“六西格玛”标准、全球化和电子商务，几乎重新定义了现代企业。

励志点金石

一些陈旧的、不结合实际的东西，不管那些东西是洋框框，还是土框框，都要大力地把它们打破，大胆地创造新的方法、新的理论，来解决我们的问题。——李四光

改变是我们的挚爱。——格罗夫

哲学家们只是用不同的方式解释世界，问题在于改变世界。——马克思

为你支招

在漫长的人生旅途中，每一个人不能不面对变化，不能不面对选择。学会变通，不仅是做人之诀窍，也是做事之诀窍。那么，男孩，你该怎样做到关注前沿信息、提高自己的思维变通能力呢？

1.关注前沿信息，更新观念

男孩在学习的同时，也要关注时事新闻，关注周围世界的变化，这样，你才能逐步更新自己的观念，强化自己的变革意识。

2.要有勇气应对变化

勇气的作用就是调动起自己全部的能力去迎接变化和挑战。一个人想学会变通，首先必须鼓起勇气，勇气是人的一种非凡力量。它虽然不能具体地去处理某一个问题、克服某一种困难，但这种精神和心态能唤醒你心中的潜能，帮助你应对一切变化和困难。

3.要有信心开发潜能

所谓信心，就是一种心态潜能。也就是说，如果你是一个充满信心的人，你有信心克服困难，有信心获得成功，那么，你身上的一切能力都会为你的信心去努力，你也就有可能成为你希望成为的那样；反之，如果你缺乏信心去努力，总以为自己没有能力去做这一切，那么，你的一切能力也就会随之沉寂，你自然会变成一个没有能力的人。

4.要善于改变自己的思维定势

人的思维方式，常常出现两大定势：一是直线型，不会拐弯抹角，不会逆向思维和发散思维；二是复制型思维，常以过去的经验为参照，不容易接受新鲜事物。

实践证明，不管你是觉察到还是没有觉察到，不管你是愿意还是不愿意，每个人时时刻刻都在寻求变通，所不同的是，善于变通的人越变越好，而不善于变通的人则是越变越差。我们只要掌握了变通之道，就能应对各种变化，在变化中寻找到机会，在变化中取得成功。

别被“计划”牵制，及时修正计划也很重要

适用写作关键词：调整　合理

木木的大学志愿

木木是一名高三的学生，还有三个月，他就要上“战场”了。这天周末，姨妈来他家做客，木木陪姨妈聊天，话题很容易便转到木木高考这件事上了。

姨妈问木木：“你想上什么大学啊？”

“浙大。”木木脱口而出。

“我记得你上高一的时候跟我说的是清华，那时候你信誓旦旦地说自己一定要考上，现在怎么降低标准了？木木，你这样可不行。”

“哎呀，姨妈，咱得实际点是不是？高一的时候，树立一个远大的目标是为了激励自己不断努力，但到了高三了，我自己的实力如何我很清楚。我发现，考清华已经不现实了，如果还是抱着当初的目标，那么，我的自信心只会不断递减，哪里来的动力学习呢？您说是不是？”

“你说得倒也对，制订任何目标都应该实事求是，而不应该好高骛远啊。看来，我也不能给我们家倩倩太大压力，让她自己决定上哪个学校吧。”

这则案例中，木木的话很有道理，的确，任何计划和目标的制订，都应该以自身的情况和时间段为依据，不切实际的目标只会打击我们学习的自信心。

诚然，我们应该肯定目标的重要意义，但这并不代表我们应该固守目标、一成不变。很多专家为那些求学的人提出建议，要不断调整自己的目标。也许你一直向往清华北大、一直想能排名第一，但是，如果你的成绩经过努力仍无法提高，就应该调整自己的目标，否则，不能实现的目标会使你失去信心，影响学习的效率。因此，我们可以说，有一个不切实际的目标就等于没有目标。

清华大学，简称清华，成立于1911年，因在北京西北郊清华园得名，依托美国退还的部分“庚子赔款”建立，初称清华学堂，是清政府设立的留美预备学校，翌年更名为清华学校；为尝试人才的本地培养，1925年，设立大学部；1928年，更名为“国立清华大学”；1937年，抗日战争爆发后，学校南迁长沙，与北京大学、南开大学联合组建国立长沙临时大学；1938年，迁至昆明，改名为国立西南联合大学；1946年，迁回清华园原址复校。

全面检查一次，再决定哪一项计划最好。——洛克菲勒

每次改革都会出现一批偏激的狂人。——罗斯福

变或可存，不变则削，全变乃存，小变仍削。——康有为

为你支招

无论做什么事，男孩，你都要及时调整自己的计划。我们做事不能盲目，策略的第一步应该是明确自己的目标，有目标才会有动力，有了动力才能够前进；但是，在总体目标下，我们可以适当调整自己的计划。任何一个男孩都应该记住，平时多做一手准备，多检查计划是否合理，就能减少一点失误，就会多一分把握。为此，你需要做到：

1.制订完善的计划和标准

要想把事情做到最好，你心中必须有一个很高的标准，不能是一般的标准。在决定事情之前，要进行周密的调查论证，广泛征求意见，尽量把可能发生的情况考虑进去，以尽可能避免出现1%的漏洞，直至达到预期效果。

2.及时调整你的计划

即使我们依然在执行当初的计划，但计划里总有不适宜的部分，对此，我们需要即时调整。也就是说，当计划执行到一个阶段以后，你需要检查一下做事的效率，并对原计划中不适宜的地方进行调整，一个新的更适合自己的计划将会使今后的准备更加有效。

3.做事要有条理有秩序，不可急躁

急躁是青少年的通病，但任何一件事，从计划到实现的阶段，总有一段所谓时机的存在，也就是需要一些时间让它自然成熟。假如过于急躁而不甘等待，往往会遭到破坏性的阻碍。因此，无论如何，我们都要有耐心，能够抑制那股焦急不安的情绪，才不愧为真正的智者。

总之，我们应该根据自己的实际情况，制订一个通过自己的努力能够实现的目标，并且目标的制订不是一成不变的，要根据实际情况不断进行调整。经过一段时间的实践，一定能够确定一个能为自己带来源源不断的动力的目标。

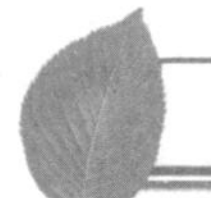

每天进步一点点，也会到达成功彼岸

适用写作关键词：更新　充电

加黎利海和死海

巴勒斯坦境内，有两个著名的湖泊，这两个著名的湖泊各有各的特色。其中一个叫加黎利海，它是一个很大的湖泊，水质清澈甘甜，可以供人饮用。因为湖底清澈无比，连鱼儿们在水中悠游的景象也清晰可见，而附近的居民更是喜欢到此处游泳和嬉戏。加黎利海的四周全是绿意盎然的田园景观，因为环境清幽，许多人将他们的住宅与别墅建在湖边，以享受这宛如仙境的美丽景致。

另一个名为死海，也是一个湖泊，然而，正如其名，湖水是咸的，而且有一种怪味道，不仅人们不敢来饮用，连鱼儿也无法在这个湖泊中生存。在它的崖边，连株小草都无法生长，更别提人们选择在这里居住。

令人好奇的是，这两个湖其实是同一个源头。后来人们发现，它们会有这么大的不同，是因为一个入水也出水；另一个则是入水后便存留起来。原来，在加黎利海里，有入口也有出口，当约旦河流入加黎利海之后，水会继续流出去，如此一来，水流不仅生生不息，也会不断地循环更换，水质自然清澈干净。至于死海，则只有入口没有出口，当约旦河水流入之后，水就被完全封死在海里。于是，在这个只有进没有出的湖泊中，所有的污水或废水也全部汇聚在这里。因为只知自私地保留己用，最后的结果便如它的名字，成为没有人愿

意亲近的死海。

唯有不断流动更替的水才会充满氧气，如此鱼儿们才会有舒适的生存空间，为湖泊增添生命活力。因为肯付出，加黎利海收获的是干净的湖水与热闹的人潮，因为它付出了，自然会得到应有的成果。至于一味地接受而没有付出的死海，结果则是贫瘠与足迹罕至。自然界这个特殊的现象再次告诉生活中的男孩们，有付出才有收获。追求成功的你们，只要不吝于付出，在付出的同时，你们便能腾出新的空间，容纳新的机会。

现实生活中，每个人都有自己的理想，并渴望成功，而最终能成功的人只不过是极少数，大多数人只能与成功无缘。许多人不能成功，是因为他们往往空有大志却不肯低下头、弯下腰，不肯静下心来努力学习、从身边的本职工作开始积聚自己的力量。要知道，只有一步一个脚印，踏实、不浮躁地学习，才能为成功奠定基础。然而，他们总是怨天尤人，只知道给自己制订那些虚无缥缈的终极目标。

知识窗

为啥人在死海沉不下去？

死海，面积约1000平方千米，湖面狭长，低于地中海海面400米，最大深度约400米，为世界陆地最低点。死海的含盐度高达25%，由于死海中水的密度超过人体的密度，因此人可漂浮在水面而不下沉。

励志点金石

人生的价值，并不是用时间，而是用深度去衡量的。——列夫·托尔斯泰

一个人的价值，应该看他贡献什么，而不应当看他取得什么。——爱因斯坦

有知识素养，善于思考和处事灵活的士兵，才是最有价值的士兵。——奥

马尔·纳尔逊·布莱德利将军

为你支招

新时代的男孩要懂得居安思危，要时刻学习，充实自己的头脑。人们常觉得准备的阶段是在浪费时间，只有当真正机会来临而自己没有能力把握的时候，才能觉悟自己平时没有努力是浪费了时间。

对此，你可以做到以下几点：

1.多考虑自己的现在和未来，认识到学习的重要性

实际上，任何一个男孩都知道学习的重要性，但这些往往是泛泛之谈，并不能起到任何实质性的作用。而一旦将想法与自身情况相结合，如根据自己的兴趣树立人生目标和理想，这一想法就具备了可实施性。

2.树立不断学习的理念

学海无涯，知识是没有尽头的，而同时，现今社会知识更新速度之快，更要求你具备不断学习的理念和行动。

3.付诸行动，坚持每天学习

任何知识的学习都需要持之以恒地坚持才能收到效果，也只有这样，才能不断拓展自己在该领域的认知度和专业度。

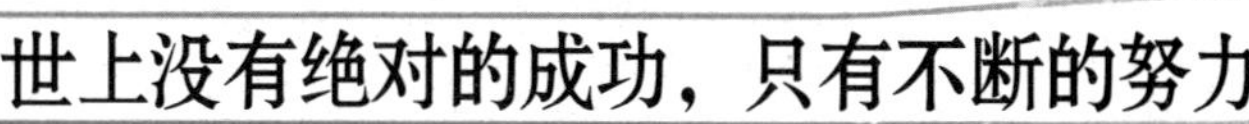

世上没有绝对的成功，只有不断的努力

适用写作关键词：谦虚　学习

真的满了吗

一天，一位教授为自己的学生授课。

即将下课时，教授对学生说："现在离下课还有几分钟，我们来做个小实验室吧。"说完，他拿出一个瓶子，然后将一些拳头大小的石头放进瓶子里，直到石头已经堆到瓶口。此时，他问学生："瓶子满了吗？"

"满了。"所有的学生都回答。

他反问："真的吗？"说完，他拿来一些更小的砾石，将这些砾石都放了进去，这样，瓶内还剩的很多空间被砾石占满了。

"现在瓶子满了吗？"

这一次学生有些明白了。"可能还没有满。"一位学生说道。

"很好！"然后，他再拿来一些细小的沙子，这些沙子也轻松地被装进瓶子里，瓶子已经被填得满满的了。

"那么，现在，满了吗？""没满！"学生们大声说。然后，教授拿一壶水倒进玻璃瓶，直到水面与瓶口齐平。

正所谓：活到老，学到老，终身学习，才能不断进步。一切事物随着岁月

的流逝都会不断折旧，我们赖以生存的知识、技能也一样会折旧。唯有虚心学习，才能够成功掌握未来。求知与不满足是进步的第一必需品。

男孩，你要明白，真正的知识是没有尽头的，正如有句话说："吾生也有涯，而知也无涯。"如若你想不断适应变化速度逐渐加快的现今社会，就必须学习无止境，把学习当成一项终生的事业，并把这项事业贯彻到每天的生活中，如衣食住行一般。

知识窗

人类为什么需要空气？

人要生存，就离不开空气，我们无时无刻不在呼吸着空气。

一个成年人，每天吸入的空气大约是1万升，约为13.6公斤，是食物的十倍以上，是水的五倍以上。一个人，十天不吃饭，不一定会死；但五分钟不呼吸空气，就会死亡。地球之所以适合人类居住，就是因为它有着其他星球上所没有的独特的大气环境。

励志点金石

学无止境。——荀子

勤劳一日，可得一夜安眠；勤劳一生，可得幸福长眠。——达·芬奇

你想成为幸福的人吗？但愿你首先学会吃得起苦。——屠格涅夫

灵感不过是"顽强的劳动而获得的奖赏"。——列宾

为你支招

要坚定"奋斗不息，学习不止"的信念，日复一日，沿着知识的阶梯步步登高，养成丰富自己、重视学习的习惯。世上没有绝对的成功，只有不断的努力，才能让你的成功之路走得更快更远。

这一启示告诉生活中的男孩，一个人的工作也许有完成的一天，但一个人

的学习则没有终点。那么，怎样才能够做到终身学习呢？男孩需要做到：

1.树立终身学习的理念，需要走出“基础差”的误区

可能你会觉得，曾经未好好学习，学习基础差，现在努力已经晚了。而实际上，学习是没有时间和年龄限制的，只要努力学习、刻苦自励，从现在开始学习，为时未晚，基础差，可以查缺补漏，这绝不是拒绝学习的理由。

2.树立终身学习的理念，促使自己增强使命意识和危机意识

终身学习，是飞速发展的时代向你们提出的要求。21世纪是知识经济的时代，高新技术带动生产力突飞猛进，不断改变着我们的生存环境和生存方式，更需要我们不断提高对新知识、新科技的掌握能力，以及对新环境、新变化的应对能力。假如我们仅仅满足于在学校学得的那点东西，不注意及时“充电”，就远远不够了。

3.树立终身学习的理念，积极拓展知识领域，开阔学习视野

终身学习理念中重要的一点，是要学会不断拓展自己的学习领域，开阔自己的知识视野。孔子说：“好学近乎知（智）”。树立终身学习的理念，拓展自己的学习领域，开阔自己的知识视野，关键是要培养起学习的兴趣。学习是一种习惯，终身学习则是一种理念，兴趣是成功的一半。一个人树立起终身学习的理念，就会认同“万事皆有可学”这个道理。

习惯决定命运，培养自己优秀的习惯

适用写作关键词：学习　谦逊

把学习当成一种生活习惯

洪堡是德国著名的探险家、自然科学家，是近代气候学、自然地理学、植物地理学和地球物理学的创始人之一，他对生物学和地质学也有很深的造诣，在科学界享有极高的声誉，被当时的人们尊为“现代科学之父”。

尽管如此，洪堡却是一个十分谦逊的人。他尊重别人，从不自满，直到晚年还在刻苦学习。在柏林大学的一间教室里，每当著名的博克教授讲授希腊文学和考古学的时候，课堂里总是挤满了学生。在这些青年学生中间，人们常常会看到一位个头不高、穿着棕色长袍的老人。这位白发苍苍的老人也像别的学生一样，全神贯注地听课，认真地做着笔记。晚上，在里特教授讲授自然地理学的课堂里，也经常出现这位老者的身影。有一次，里特教授在讲一个重要地理问题时，引用了洪堡的话作为权威性的依据。这时，大家都把敬佩的目光投向这位老人。只见他站起身来，向大家微微鞠了一躬，又伏身课桌，继续写他的笔记。原来，这位老人就是洪堡。

洪堡的优秀来自于他孜孜不倦的学习，得益于他把学习当成一种习惯。实际上，优秀就是一种习惯，需要我们主动去培养。根据西方人文科学家研究，

一个习惯的培养平均需要21天左右，只要我们认真去做，等于我们吃21天的苦就能得到一辈子的甜，这是一件很值得、很高效的事情。

知识窗

亚历山大·洪堡（1769—1859），德国著名博物学家、自然地理学家，19世纪科学界中最杰出的人物之一。洪堡是伟大的自然斗士、真理的追逐者，他把自己的一生都贡献给了科学事业，留下了大量的著作。洪堡的主要著作有《宇宙》5卷，《中部非洲》3卷和《新大陆热带地区旅行记》30卷等。为了纪念这位伟大的科学家，德国科学院在1860年建立了洪堡基金会。

励志点金石

伟大只不过是谦逊的别名。——洪堡

做学问的功夫，是细嚼慢咽的功夫。好比吃饭一样，要嚼得烂，方好消化，才会对人体有益。——陶铸

我在科学方面所做出的任何成绩，都只是由于长期思索、忍耐和勤奋而获得的。——达尔文

为你支招

的确，任何一个习惯一旦养成，它就是自动化的，如果你不去做，反而会感觉很难受，只有做了才会感觉很舒服。因此，关于好习惯的培养，你不妨给自己订一个计划，然后用日程表记下自己执行计划的过程。那么，21天后，你将养成好习惯，坚持21天，你就会成功。坚持21天，就能改变你的意识，影响你的行为，为你带来超乎想象的成功，你又何乐而不为呢?

那么，男孩，你该怎样主动培养那些成功的习惯呢?

1.变懒惰为勤奋

如果你是个懒惰的人，你不妨做出以下改变：

不要让爸爸妈妈天天给你拿碗筷；闲暇时帮爸妈做点家务；每天整理干净再出门，不要给人邋里邋遢的感觉；学习时，变被动为主动，积极起来……

2.养成读书的习惯

除了你学习的书本知识外，你还应多阅读课外书籍，多读书最大的好处是可以增长知识，陶冶性情，修养身心。

3.让好奇心引导你探求知识

可能你觉得现在的你已经具备了很多知识，但事实真的如此吗？再退一步讲，人生的知识并不是全从书本上获得的，你真的对周围的生活和自然以及各个方面都了如指掌吗？如果你觉得自己什么都懂，你多半不是一个谦虚的人，实际上，越是知识渊博的人越是发现自己知道的少。培养好奇心也可以达到同样的效果，越是充满好奇，越是对未知充满敬畏，也就越谦虚。

4.勇于创新

骄傲自满，你将很快被超越。而只有进步才能拥有更强的竞争力。然而，没有创新就不可能进步。因此，你应该将自己的求知欲望和求知兴趣激发出来，鼓励自己多动脑、动手、动眼、动口，使自己善于发现问题、提出问题，并尝试用自己的思路去解决问题。

当然，任何习惯的改变和形成，都是艰难的。但只要我们经历一段时间，一旦习惯形成后，它就会成为一种自动化的、下意识的行为反应了。

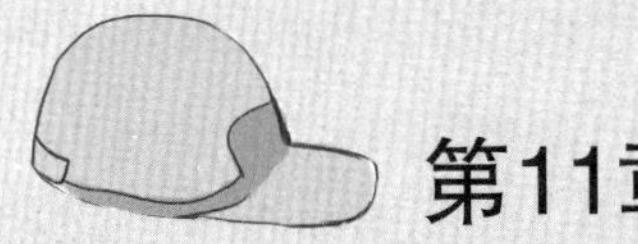

第11章

浇灌好品质的花园，做个正直守信的男孩

自古以来，中华民族最注重品德修养，一个刚正不阿、诚实守信的人必当受到他人的尊敬。心理学家威廉·詹姆士说过：“播下一个行动，收获一种习惯：播下一种习惯，收获一种性格；播下一种性格，收获一种命运。”十几岁的男孩，你的人生才刚刚开始，修炼良好的性格和品质修养，你才能迈向人生的阳光大道。因为，对于任何人来说，如果不具备正直忠诚这一品质，即使具备不平凡的智慧，也只是小聪明，而非大智慧，人生的路只会走得越来越窄。

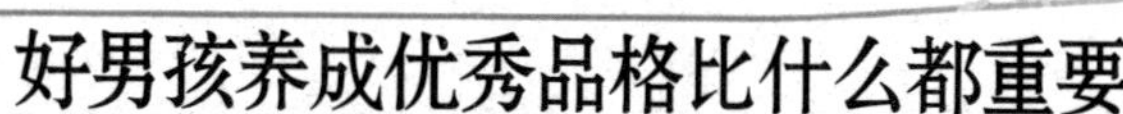

好男孩养成优秀品格比什么都重要

适用写作关键词：原则　正直

严肃的护士

手术室里，一位年轻的护士第一次跟一位著名的外科医生合作，并且担任责任护士。手术进行了很久，在即将缝合时，女护士严肃地对医生说："我们手术总共用了15块纱布，可我只见您取出了14块。"

医生摇摇头："纱布一块也没漏下，别耽搁时间了。"

"不！"女护士执拗地说，"肯定用了15块，还有一块没取出来，我们不能缝合。"医生不予理睬，对其他人说道："手术一切正常，现在听我的，快缝合。"

"您不能这样，"女护士叫了起来，"我们得为病人负责。"

医生脸上忽然露出一丝笑容，他拿出了一直捏在左手心的第15块纱布。

"从今以后，你就是我的正式助手。"医生高声对年轻的护士说。

汤姆斯·麦考莱说："在真相肯定无人知晓的情况下，一个人的所作所为，能显示他的品格。"你必须做到：不要随意放纵自己，不要轻易向各种诱惑低头，坚持自己的方向与计划，管理好自己的人生。否则，你很可能因为贪图眼前的"一点点安逸"而损失掉生命中真正的财富。

知识窗

世界上第一位护士是谁？

弗洛伦斯·南丁格尔是世界上第一位真正的女护士。南丁格尔出生于意大利一个来自英国上流社会的家庭。她开创了护理事业，1908年3月16日，她在88岁高龄时被授予伦敦城自由奖。“5.12”国际护士节设立在南丁格尔的生日这一天，就是为了纪念这位近代护理事业的创始人。

励志点金石

美国第34任总统艾森豪威尔说：“要做正确的、该做的事，而不是能够赢得别人赞赏的事。”

马登在《伟大的励志书》中写道：“每个人的一生，都应该有一些比他的成就更伟大，比他的财富更耀眼，比他的才华更高贵，比他的名声更持久的东西。”这个东西就是高尚的品格，达到此境界便是做人的成功，而且是人生真正的最大的成功。

为你支招

任何一个成长期的男孩都应该懂得：品格是一生最重要的资本。无论你出身高贵或者低贱，都无关紧要，但你必须有做人之道。总结许多杰出人士走过的道路，你会看到，他们遭受失败的原因可能千差万别，但成功的经历则大多一致：他们在年少时便养成了获得巨大成功的美德，为日后的纵横四海打下了坚实的基础。

那么，在日常生活中，男孩，你该从哪些方面培养自己的品格呢？

1.诚实

要做一个诚实的人，因为只有诚实才能看清自己的未来，触摸到幸福的温馨。生活中，无论是对待老师还是同学，甚至是家长，都要做到诚实面对，凡

事做到问心无愧，你一定会成为一个正直的人。

2.正直

正直是一个人内心最高贵的品格之一，有了它才有了获得荣誉、幸福与成功的可能。一个正直的人因为有正义在他的身后做其坚强的后盾，所以才能无畏地面对世界。

成长期的男孩应该学会保护自己，但这并不意味着你们要摒弃正直这一好品质。一个健康的男孩就好比一棵树，必须以善良为根、正直为干、丰富的情感为蓬勃的枝丫，这样才能结出美丽善良的果子。

3.善良

生活中的男孩，当遇到需要帮助的人的时候，你是否愿意停下来为他们想想办法？或许在不经意间，受帮助的不仅是别人，还有你自己——爱加上智慧原来是能够产生奇迹的。其实，任何一次助人行为，都是完善自我、实现自我价值的机会，怎能不出于自愿？然而，一个人若想真正做到内心无私地对他人付出，首先必须要具备善心。

4.遵纪守法

俗话说：没有规矩，不成方圆。作为学生的你，也要做到懂法、知法、护法，用法律来约束自己的行为等，在学校也要遵守纪律。对一个公民来说，是否自觉维护公共场所秩序，纪律观念、法制意识强不强，这体现着他的精神道德风貌。

总之，人在少年时一定要赶快积累知识和财富，但同样也要注重德行的修养。正直是人生最大的美德，它像一根小小的火柴，燃亮一片星空；像一片小小的绿叶，倾倒一个季节；像一朵小小的浪花，飞溅整个海洋。

言而有信，是男人无形的魅力

适用写作关键词：守信　诺言

受人敬重的季布

秦朝末年，在楚地有个大家敬仰的人叫季布，他好帮助人，只要是他答应别人的事情，即使再大的困难，他也会努力办到。为此，他很受人赞扬。

后来，在刘邦与项羽的争夺战中，他有幸成为项羽的部下，还给楚军献计献策，几次都大败汉军。但最后，还是刘邦夺了天下。刘邦登基之后，依然对季布怀恨在心，便发令通缉季布。

虽然此时的季布已沦为通缉犯，但那些曾受惠于他的人，包括很多素未谋面的人，都知道季布的为人，他们都在暗中帮助他。再后来，为了躲避追兵，季布乔装后来到一家姓朱的人家当用人。其实，这家人知道他是通缉犯，但依然收留了他，并且，他们还到洛阳去求朋友夏侯婴帮季布说情。刘邦在夏侯婴的劝说下撤销了对季布的通缉令，还封季布做了郎中，不久又封他为河东太守。

从这个故事中，我们可以发现，一个人诚实守信，自然得道多助，并能获得大家的尊重和友谊。反过来，如果贪图一时的安逸或小便宜，则容易失信，失去的更多。所以，失信于朋友，无异于失去了西瓜捡芝麻，是得不偿失的。

但可能很多男孩会发出这样的疑问：“我也想助人为乐，也想替人办事，但是能力不足，这不也是失信于人吗？”的确，轻易许诺而又无法办到，也是失信。其实，退一步海阔天空，这时我们为什么不能退一步呢？

不做承诺，或少做承诺。一旦做了承诺就必须身体力行，有条件的要做，没条件的创造条件也要兑现，为什么？这是你的责任和义务。

可见，只有信守诺言，才能取信于人，这是新时代的男性必须具备的最重要的品质之一，也是成功和获得荣誉的前提条件。

知识窗

楚汉之争，又名楚汉战争、楚汉争霸、楚汉相争、楚汉之战等。秦朝灭亡后，项羽自立为西楚霸王，封刘邦为汉王。后来，刘邦的势力不断壮大，形成了两大集团军。为此，在公元前206年到前202这几年，项羽和刘邦所带领的两大军队展开了一场大规模的战争，最后，以项羽乌江自刎告终，刘邦建立起西汉政权。

这场战争耗时之长、规模之大都是历史上前所未有的，并且，在这场战争中，还出现了很多名将，如韩信，还有很多历史典故，如四面楚歌、十面埋伏等。而很多著名的战役也在中国战争史上写下了光辉的篇章，亦为历代兵家所推崇借鉴。

励志点金石

艾琳·卡瑟曾说：“诚实是力量的一种象征，它蕴含一个人的高度自重和内心的安全感与尊严感。”

富兰克林的《哨子》中有这样一句话：“每个人都有自己的哨子，千万不要为你的哨子付出过高的代价。”也就是说，我们在许诺的时候，要量力而为。

为你支招

守信是中华民族的优良品德，更是做人的前提，而失信是不道德的行为。守信，会使人对你产生敬意，也会使人愿意公平地与你合作。一个言而无信的人，是没有人愿意和他合作的。男孩们，要想学会与人合作，就要从现在的学习、生活中着手，把自己历练成为一个“言必信，行必果”的人，这样的男孩才能以迷人的性格形成一种人格魅力。

为此，男孩们，你们需要做到：

1.不要轻易承诺

任何人的能力都是有限的，如果你经常允诺，那么，当有一次你因无能为力而拒绝的时候，很可能会引起别人的质疑。而相反，如果对于别人的求助，你能在量力而为的情况下做出理智的回应，那么，对方也会报以理解的态度。

2.一诺千金

当然，不要轻易承诺指的是我们要量力而行，而对于那些我们能轻而易举实现的承诺，我们在许诺后，就不要找借口推脱或食言；对于那些我们很难实现的承诺，一旦许诺后，也要努力恪守并实现。

总之，男孩，做到一诺千金，并量力而行，才能减少因失信造成的人际关系的危机，同时增加你诚信的资本。

心胸宽广，别让仇恨有机可乘

适用写作关键词：宽容　敬重

宽容的格兰特将军

开往费城的火车上，中途有一个女人上了车，她径自走进一节车厢，并选了一个座位坐下。这时，她对面的男人点燃了一支香烟，深深地吸了几口。女人闻着烟味就难受，她故意扭了扭头，轻咳了几声，想提醒对方不要吸烟。可是那男人完全没有注意到她的举动，还是若无其事地吸着。

女人忍无可忍，生气地对那男人说："先生，你可能是外地人吧，这列火车专门有一间吸烟室，这里是不允许吸烟的。"听女人这样说，男人完全明白了，他微笑着，歉意地将手里的香烟掐灭，丢到了车窗外。

一会儿，几个穿着制服的男人走了进来，他们来到女人身边，对女人说："这位女士，很对不起，你走错车厢了，这是格兰特将军的私人车厢，请你马上离开。"

女人惊诧不已，原来坐在她对面的就是大名鼎鼎的格兰特将军，她感到非常害怕。但格兰特将军丝毫没有责怪她的意思，他的脸上依然挂着淡淡的微笑，和蔼可亲地对下属说："没事，就让这位女士坐在这儿吧。"

格兰特将军的宽容赢得了女人的敬重。

人生在世，既然存在人际交往，就会产生摩擦、误解甚至仇恨，而如果我们始终扛着自己给自己编织的“仇恨袋”，心中装着“仇恨袋”，生活只会如负重登山、举步维艰。人生才刚刚开始的男孩，要不断培养自己宽广的胸怀，以包容的心对待生活中的人和事，不让仇恨有机可乘，如此，你不仅能得到他人的认可，更能获得快乐。

知识窗

格兰特将军是谁？

尤里西斯·辛普森·格兰特（1822年4月27日—1885年7月23日），也译成尤里西斯·S·格兰特，美国军事家、陆军上将和第18任总统。他是美国历史上第一位从西点军校毕业的总统。在美国南北战争后期任联邦军总司令，屡建奇功。但能征善战并不等于善于理政，格兰特的平平政绩与他的赫赫战功形成明显对照。特别是在第二次总统任期内，他对南方奴隶主的妥协让步以及对贪污腐败的属员采取的姑息纵容的态度，引起了选民的普遍不满。格兰特卸职后曾周游世界，并想在政治上东山再起，但未能如愿。晚年经商失败，抑郁病逝。

励志点金石

仇恨终将泯灭，友谊万古长青。——西塞罗

友谊的耙子铲除敌视和仇恨的种子，再在原来的地方种下和谐的嫩苗。——狄更斯

为你支招

有句话说：“谨慎使你免于灾害，宽容使你免于纠纷。”男孩，你也应该和格兰特将军一样，要学会宽容别人。宽容是一种高尚的善意，它能使人换位思考，处理好人际关系。若无宽恕，生命将永远被永无休止的仇恨和报复所控制。只有善于团结，才会得到友善的回报！

排解仇恨情绪是一个净化心灵的过程。具体来说，你可以这样排解仇恨：

1.转换角度，找出事情良性的一面

每件事情都有两面性，有好的一面，也有坏的一面。人之所以产生仇恨，就是因为人只看见了坏的一面，如果试着向好的一面看，仇恨也许会消除。

在排解内心仇恨情绪的时候，你可以尝试着说服自己：他之所以这样做，是一定有缘由的，我应该原谅他。然后慢慢地让自己接受现实，从心底理解和原谅他人，进而让仇恨情绪随着时间的推移逐渐淡去。

2.学会宽容，懂得忍耐

很多时候，我们都需要宽容，宽容不仅是给别人机会，更是为自己创造机会。只有忘记仇恨、宽宏大量，才能与人和睦相处，才会赢得他人的友谊和信任，才会赢得他人的支持和帮助。念念不忘别人的“坏处”，实际上最受其害的是自己的心灵。

3.找到令自己快乐的钥匙

其实，在我们每个人的心中，都有一把“快乐的钥匙”，但很多时候，我们都把这把钥匙的掌管权交给别人。的确，我们的情绪很容易被周围的人、事、物影响，但你千万要记住，让你快乐的，始终是你自己。如果你在内心开始“恨”一个人，那么，你不妨也告诉自己，生活中有太多的值得你去倾注热情的快乐之事，大可不必去为自己的假想敌劳神费心。

总之，忘记仇恨，才能提高自己、开阔自己。学会了宽恕自己、宽恕别人，你才会活得更加如意、更加幸福。

第12章

勤奋是一种竞争力，做最会学习的男孩

在科学技术飞速发展的今天，竞争力的核心，已经发展为学习力的竞争。信息更新周期已经缩短到不足五年，危机每天都伴随在我们左右。处于新时代的男孩们，只有每天如饥似渴地去学习、学习、再学习，不断做到温故而知新，才能使自己丰富和深刻起来，并赢得灿烂的明天和成功的未来。

勤奋是一个人最好的才能

适用写作关键词：勤奋　学习

勤奋的李嘉诚

有位记者曾问亚洲首富李嘉诚："李先生，您成功靠什么？"李嘉诚毫不犹豫地回答："靠学习，不断地学习。"不断地学习知识，是李嘉诚成功的奥秘！

李嘉诚勤于自学，在任何情况下都不忘记读书。青年时打工期间，他坚持"抢学"；创业期间，他坚持"抢学"；经营自己的"商业王国"期间，他仍孜孜不倦地学习。李嘉诚一天工作十多个小时，仍然坚持学英语。早在办塑料厂时，他就专门聘请一位私人教师，每天早晨7点30分开始给他上课，上完课再去上班，天天如此。当年，懂英文的华人在香港社会是"稀有动物"。懂得英文，使李嘉诚可以直接飞往英美，参加各种展销会，谈生意时可直接与外籍投资顾问、银行的高层对接。如今，李嘉诚已是耄耋之年，仍爱书如命，坚持不断地读书学习。

一个人不可能随随便便成功，李嘉诚向每个渴望成功的男孩展示了这个道理。可能每个男孩都惊羡于李嘉诚式的成功，却做不到李嘉诚式的努力与勤奋。对此，你不妨问问自己：我做到99%的勤奋了吗？如果你的回答是否定的，

那么，你就知道症结所在了。也许，有些男孩会说，我不够聪明。而实际上，智慧也源于勤奋，没有人能只依靠天分成功。自身的缺点并不可怕，可怕的是缺少勤奋的精神。勤奋面前，再大的困难也会被克服，再坚定的山也会被“移走”。滴水能把石穿透，万事功到自然成。唯有勤劳才是永不枯竭的财源。

知识窗

香港简介

香港全境由香港岛、九龙半岛、新界3大区域组成。管辖陆地总面积1104.32平方公里，截至2014年末，总人口约726.4万人，人口密度居全球第三。

1840年之前的香港还是一个小渔村。1842—1997年间，香港沦为英国殖民地。第二次世界大战后的香港经济和社会迅速发展，东西方文化在此交汇，成为“亚洲四小龙”之一。1997年7月1日，中国正式恢复对香港行使主权，其成为中国的特别行政区之一。香港是继纽约、伦敦后的世界第三大金融中心。

励志点金石

没有哪个人可以永远独占鳌头，在瞬息万变的世界里，唯有虚心学习的人才能够掌握未来。——西点的埃里克·霍弗将军

人的价值蕴藏在人的才能之中。在天才和勤奋两者之间，我毫不迟疑地选择勤奋，她是几乎世界上一切成就的催产婆。——爱因斯坦

为你支招

现代社会，知识改变命运这个道理早已毋庸置疑，时代正在疾速发展，各种技术日新月异，这一切都对生活在这个时代的人提出了新的学习的要求，但无论何时，勤奋永远是任何一个男孩都应该摆在第一位的学习态度。如果你

没有时刻学习的意识，不通过学习了解掌握新技术，那么你跟不上时代的发展是必然的。

因此，男孩们，你们需要做到：

1.紧紧抓住时间骏马的缰绳

只有最充分地利用好当前的时间，才不会有“白首方悔读书迟”的遗憾。伤逝流年，好像是在珍惜时间，其实是在浪费今日之生命。也不要沉浸在对未来的美好向往中而放松了眼前的努力。山上风景再好，如不一步一步地努力攀登，是永远无法登上“险峰”去一览“无限风光”的。

2.科学地安排好时间

学习与巩固双管齐下，学习就会事半功倍。还要掌握时间的优势。用头脑最清晰、效率最高的时间做最重要的事情，俗话说“好钢用在刀刃上”，在时间的安排上亦是如此。

3.必须要克服重重困难

学习也好比是一种长征——一种追求知识的长征！一本一本的书，一章一节的知识，如雪山、大河、草地一样需要你去征服。如果你缺乏征服它们的勇气和信心，你就只能站在知识的岸边徘徊、叹息。记住：乌云的后面就是太阳，困难的背后就是胜利！

立即行动，别让拖延毁了你的成功

适用写作关键词：拖延　行动

寒号鸟

曾经有一个关于寒号鸟的传说。

这种鸟很特别，它长着四只脚，两只光秃秃的肉翅膀，不像一般的鸟那样拥有轻盈的翅膀，更不会在天空飞行。其实，寒号鸟原本不是这样的。

很久以前的一个夏天，寒号鸟比其他鸟类更漂亮，它全身长满了洁白的、美丽的羽毛。因此，它很骄傲，认为自己已经是最漂亮的鸟了，甚至不把鸟类之王——凤凰放在眼里。它每天也不干活，只是炫耀自己的美貌。

很快，秋天来了，所有的鸟类都各自忙开了，有的开始飞向南方避寒，也有的在准备过冬的食物。而只有寒号鸟，既没有飞到南方去的本领，又不愿辛勤劳动，仍然是整日东游西荡的，还在一个劲儿地到处炫耀自己身上漂亮的羽毛。

一眨眼，冬天来了，大雪纷飞，所有的鸟类都躲起来过冬了，而寒号鸟，饥寒难耐，而且，它身上的美丽的羽毛也都掉光了，它更冷了。它只有躲在石缝中避寒，并不停地叫着："好冷啊，好冷啊，等到天亮了就造个窝啊！"等到天亮后，太阳出来了，温暖的阳光一照，寒号鸟又忘记了夜晚的寒冷，于是它又不停地唱着："得过且过！得过且过！太阳下面暖和！太阳下面暖和！"

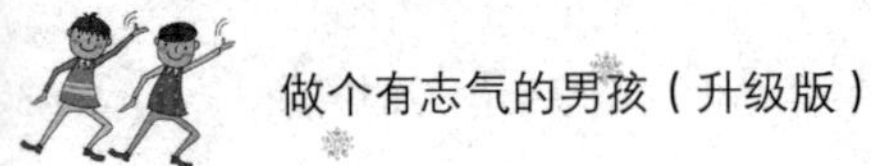

终于，整个冬天，寒号鸟都这样凄惨地过着。等到春天来的时候，其他鸟类飞来石缝旁边时，寒号鸟已经冻死了。

这个寓言故事说明，拖延就是对我们宝贵生命的一种无端浪费。我们都知道，成功人士的优秀品质有很多，而做事绝不拖延肯定是其最重要的品质之一。生活中的每个男孩，要想在日后有所作为，都必须从现在开始就养成立即执行的行为习惯。绝不拖延首先是一个态度问题，只要你坚持采用这种态度，久而久之就会形成一种习惯，最后，这种习惯会融入你的生命，成为你展现个人魅力的优秀品质。

知识窗

为什么很多鸟类冬天要迁徙到南方？

这是进化的原因，很多鸟类具有沿纬度季节迁移的特性。夏天，这些鸟在纬度较高的温带地区繁殖，冬天则在纬度较低的热带地区过冬。夏末秋初这些鸟类由繁殖地往南迁移到度冬地，而在春天则由度冬地北返回到繁殖地。这些随着季节变化而南北迁移的鸟类称之为“候鸟”。

励志点金石

鲁迅说过：“伟大的事业同辛勤的劳动成正比，有一份劳动就有一份收获，日积月累，从少到多，奇迹就会出现。”

清朝人文嘉也曾写过《今日歌》：“今日复今日，今日何其少，今日又不为，此事何时了？人生百年几今日，今日不为真可惜！若言姑待明朝至，明朝还有明朝事。为君聊赋《今日诗》，努力请从今日始。”

为你支招

拖延是一种坏习惯，立即行动是一种好习惯，不好的习惯一定要用好的习惯来代替。如果拖延的事情迟早要做，为什么要等一下再做？也许等一下就要付出更大的代价。男孩，在日常生活中，有哪些事情是你最喜欢拖延的，现在就要下决心做出改变。不管你现在要做什么事，请你不要拖延，立即行动。这样才能变被动为主动，抓住机会，把事情做得更好。

那么，该怎样克服拖延的坏习惯呢？以下几点可供我们参考：

1.找到拖延的原因

很多男孩迟迟不敢动手，是因为害怕失败。如果是这一原因，那么，你就应强迫自己做，假想这件事非做不可，这样你终会惊讶地发现事情竟然做好了。

2.严格要求自己，磨炼你的毅力

爱拖延的人多半都是意志薄弱的，当然，磨炼自己的意志并非一朝一夕的事，需要你从小事、简单的事做起，并坚持下来。

3.别总为自己找借口

例如，“时间还早”，“现在做已经太迟了”，“准备工作还没有做好”，“这件事做完了又会给我其他的事”等，不一而足。

4.不要做到一半就停下来

做事半途而废，很容易让人对事情产生厌烦感。应该做到一个阶段、取得了一定成效再停下来，这样会给你带来一定的成就感，促使你对事情感兴趣。

在实践中学习，才能学到最有用的东西

适用写作关键词：实践　自立

实践活动让我学会独立

丁丁今年十岁半，什么事情都依靠父母，甚至发展到做作业都要父母陪着。当别人问及他以后有什么理想的时候，他说："永远不长大！"这令别人很奇怪，但丁丁有自己的原因："不长大就可以永远和爸爸妈妈生活在一起，爸妈可以为我做好一切！"但在接下来的一个月，丁丁似乎变了。父母在北京最冷的一月底让他参加了一周滑雪拓展营，他是其中最小的营员。他生活自理，表现良好。回家后，他早上主动穿衣洗脸，还把自己抽屉收拾整齐。慢慢地，丁丁开始能自己学习，并能主动地帮爸妈做一些力所能及的事情。

步入社会、参加社会实践活动以前的丁丁是令人担忧的，这样的男孩在生活中并不少见。如果你也能走出学校、走出家庭，多参加实践，用不了多久，你这朵温室中的小花会像蝴蝶般破茧而出，并飞得潇洒而自在。

的确，任何一个男孩，即使你的学习成绩再好，如果你没有动手能力，那么，你也只能如襁褓中的婴儿一样需要他人为你遮风挡雨。将理论知识运用到实践当中，你获得的不仅是知识，还有能力。

知识窗

滑雪运动起源于哪个国家？

起源于斯堪的纳维亚半岛。由远古时代的滑雪狩猎演变而来。

在挪威，考古学家发现了大约4000年以前的两人足蹬雪板、手持棍棒追捕野兽的石雕，大致可以推断滑雪这一运动的起源。

中世纪时期，滑雪已经开始被纳入军事训练科目；1767年，挪威边防军滑雪巡逻队举行了滑雪射击比赛，据记载，这是世界上最早的现代冬季两项比赛。

1924年，滑雪射击被列为首届冬奥会表演项目，1958年举行第1届世界现代冬季两项锦标赛，1960年被列为冬奥会比赛项目，并定名为现代冬季两项。

冬季两项是越野滑雪和射击相结合的运动。比赛时，运动员要脚穿滑雪板，手持滑雪杖，携带枪支，沿标记的滑道，按正确的方向和顺序滑完预定的全程，每滑行一段距离进行一次射击。

励志点金石

哈佛大学的一位专家指出："学校里学的东西是十分有限的，在工作中和生活中所需要的相当多的知识与技能，完全要靠我们在实践中边学边摸索。社会是更大的一本书，需要不断地去翻阅。"

作为新时代未来接班人的男孩们，也应该注意，在学习的时候，要将理论与实践结合起来，这样的学习才是智慧的学习。

为你支招

古人云："读万卷书、行万里路。"学习的最终目的是学以致用，对于男孩来说，社会才是人生真正的战场，才能历练出真正的男人。

知识和能力是相互促进的，男孩们，你们要意识到学习知识的最终目的是增强自己的能力。你们学习的是知识，得到的是能力。为此，你们需要做到：

1.掌握好理论知识

这类知识为我们从书本上学到的知识，拥有强有力的理论指导，才能减少我们在实践操作中的错误。

2.做好知识与能力的转换

我们只有将所学的知识转化为能力，才能不受知识的束缚。同时也应注意，对知识的学习将影响我们能力的发挥。

3.不要让理论知识束缚手脚，否定自己的能力

比如，在面对一项工作时，一个人如果对有关知识了解不深，他会说："做做看。"然后着手埋头苦干，拼命地下功夫，结果往往能完成相当困难的工作。但是有知识的人，常会一开头就说："这是困难的，看起来无法做。"这实在是划地自限，且不能自拔。

4.多参加社会实践

参加社会实践，对于一个男孩来说，绝对不是什么形式主义，更不是走过场。你会在活动过程中得到许多的乐趣。真正的知识是对于事物发展规律的正确认识和经验。如果你什么社会生活的经验都没有，那你的所谓知识只能是书本上的"死"知识，而不是生活中真正的知识。这样的你根本无法自立，更别说经受得住社会的洗礼了。

成长，就是要不断突破

适用写作关键词：盲目　习惯

毛毛虫效应

法国心理学家约翰·法伯曾经做过一个著名的实验：

他的研究对象是一群毛毛虫，这些毛毛虫被放到一个花盆的边缘上，按照顺序围在花盆上，首尾相接。然后，他找来一些毛毛虫爱吃的松叶，放到离花盆不远的地方。可是，令他感到奇怪的是，这些毛毛虫并没有“心动”，还是一个接着一个，继续绕着花盆爬行。就这样，一小时过去了，一天过去了，好几天过去了，它们一连走了七天七夜，最终因为饥饿和精疲力竭而相继死去。其实，如果有一个毛毛虫能够破除尾随的习惯而转向去觅食，就完全可以避免悲剧的发生。

后来，科学家把这种喜欢跟着前面的路线走的习惯称之为“跟随者”的习惯，把因跟随而导致失败的现象称为“毛毛虫效应”。这个效应告诉我们，盲目地跟随他人不一定有好结果，我们的生活需要创造力。创造力是指产生新思想、发现和创造新事物的能力。生活中的男孩们，都是未来社会的主人，只有具有锐意变革的精神，才能始终使自己在竞争中处于有利地位。

知识窗

毛毛虫一般指鳞翅目（蛾类和蝶类）昆虫的幼虫。具有3对胸足，腹足和尾足大多为5对。有的幼虫身上有很多有毒的刚毛，人碰到的话皮肤会红肿。

色彩美丽，成虫体躯和翅满披鳞片和毛，故2对翅为鳞翅，且前翅大于后翅；虹吸式口器（原始的小翅蛾类上颚发达，为咀嚼式）；触角丝状、双栉状、栉状、棍棒状等多型；复眼发达，单眼2个或无单眼。幼虫蠕虫状，具有3对胸足，腹足和尾足大多为5对。幼虫体上生有刚毛，对刚毛的排列和命名称毛序，在分类上有重要意义。约有112000种，包括蛾类和蝶类。有些可做鱼饵喂鱼。经常活跃于树叶、树干等地方，春天和夏天多见。

励志点金石

萧伯纳有一句名言：“明白事理的人使自己适应世界，不明白事理的人想使世界适应自己。”

牛顿在概括自己的科学理论成果时说：“我是站在巨人肩上的矮子。”牛顿当然不是矮子，而是巨人，但他确实是站在前人的肩上的。没有牛顿对前人知识的学习、吸收和批判，就不可能有牛顿的科学理论创新。

为你支招

现代社会，我们都强调要创新，任何重大成果的发现，都离不开创新意识。但创新是一个相当宽泛的概念，它既可以指理论创新，也可以指技术的发明创造，还可以是观念、体制的更新等，其中的核心要素是取得新的认识。新的认识是在突破原有认识基础上的一种创造性的智力活动。也就是说，任何一个成长期的男孩，在学习科学文化知识时，都应该摒除生搬硬套和墨守成规这两点，学会突破，你才能真正学到知识。

那么，学习中的男孩们，你们该如何做到学习上的创新呢？为此，你们需

要做到：

1.善于变被动为主动

人都是在这种主动的不断调整、不断适应的过程中成长的。那些被动学习和工作的人，总是郁郁不得志。相反，那些积极上进、勇于创新者，也许会有一时的困顿，但最终都能拥有一个比较辉煌的前景。

因此，男孩，在学习中，你也应该有主动的精神，只有主动地、积极地学习，才是有效率的、创新的学习。

2.善于学习前人的经验

每个男孩都需要多看书和参加社会实践，多了解一些生活规律，用前人的经验来充实自己。

3.敢于坚信自己

创新能否最终获得成功，能不能相信自己很重要。有自信，相信自己正确，那么，你就敢走自己的路，就能不怕失误、不怕失败。在大多数情况下，不敢自信走“小路”的人，很难成为创新型人才。

4.敢于打破各种定见和共识

要想成为一个有创造力的人，你需要：

第一，不要迷信权威；第二，不要太依赖他人，学会独立思考；第三，摒除观念思维、经验主义等主观定势，不要给自己上思维枷锁，你不仅需要敢于挑战书本的权威，也需要敢于自我否定。

正确的方法总是能让你事半功倍

适用写作技巧：方法　劳逸结合

正确的学习方法

进入初中以后，班上的男孩们似乎一下子懂事了，这不，这天课间的二十分钟，他们还在讨论学习的事。

“王伟，你是怎么学习的呀？”

“听说你并不是每天晚上做题到深夜，而我却是一刻都没有休息，可是学习成绩并不见好，这是怎么回事呢？”

“是啊，我也是，每天忙忙碌碌的，有时候饭都顾不上吃，努力学习，可学习成绩还是处在中等水平。”

“要有一个合理的学习计划，我们才能高效地学习呀，不然学没学好、玩没玩好，这是两头受累啊！”

的确，合理的学习计划是提高成绩的行动路线。没有学习计划，学习便失去了主动性，容易东抓一把西抓一把，以至生活松散、学习没有规律、抓不住学习的重点，因而总是被其他同学远远地甩在后面。

因此，每个男孩都要学会制订合理的学习计划。制订一份合理的学习计划，就等于找到了促进学习进步的金钥匙；制订严格的学习计划，养成守时、

有序、高效的好习惯，是你一生受用不尽的财富。从人生成功的角度讲，统筹规划的意识和能力是一个要做大事的人取得成功所必须具备的一项重要素质，而这种素质只能在从小就养成习惯，即制订具体的学习计划并严格执行。

知识窗

在世界范围内，各种因素引起的失眠，已经成为威胁人类健康的病症。一个睡得好的人，基本上是健康的人；一个睡不好的人，肯定是健康有问题的人。

睡眠专家指出：在影响人的寿命因素中，睡眠是重要的一项。睡眠与健康是“终身伴侣”，良好的睡眠是人们身心健康的标志。然而随着浅睡眠或失眠人群的增加，使得由此产生的各种疾病纷至沓来。浅睡眠或失眠已成为影响人们健康甚至寿命的主要危害。睡眠问题已成为健康、长寿的重要制约因素之一。

励志点金石

知之为知之，不知为不知，是知也。——孔子

必须如蜜蜂一样，采过许多花，这才能酿出蜜来。——鲁迅

智者问得巧，愚者问得笨。发现千千万，起点是一问。——陶行知

学习要有三心，一信心，二决心，三恒心。——陈景润

为你支招

可能很多成长期的男孩都发现，随着年龄的增长，你也逐渐认识到学习的重要性，你希望自己做个更优秀的学生，希望可以走在队伍前列。但事实上，你似乎总是力不从心，似乎总是感觉时间不够用，学习效率也很低。其实，这是因为你缺少一个合理的学习计划，学习方法不对。

学习要讲究效率，提高效率的途径大致有以下几点：

1.充足的睡眠很重要

你最起码要保证自己每天有8小时以上的睡眠；晚上要早睡，不要熬夜，中午要午休。只有有饱满的精神，才能提高学习效率。

2.集中注意力学习，不要分心

无论是玩还是学习，都要做到全力以赴。二十四小时不放松地学习固然没有良好的效果，但学习时依然惦记着玩耍，更无法学好。因此，学习时一定要全身心地投入，手脑并用。

3.主动学习

人们常说，兴趣是最好的老师，的确，只有主动、积极地学习，才能挖掘出学习的乐趣，才能提高效率。反过来，学好了，有成果了，兴趣也就有了。因此，对于学习过程中遇到的不懂的问题，一定不要羞于向人请教，不懂的地方一定要弄懂，一点一滴地积累，才能进步。如此，才能逐步地提高效率。

4.坚持体育锻炼

身体是“学习”的本钱，没有一个好的身体，又怎么能学好呢？因此，学习再忙，也不要忘了锻炼身体。有的男孩为了学习而忽视锻炼，身体越来越弱，学习越来越感到力不从心。这样怎么能提高学习效率呢？

5.注意整理

我们发现，那些学习成绩好的男孩，多半都有一个良好的学习习惯——及时整理。整理的好处在于，能及时温习学过的知识，加深印象。如果你不懂得整理知识，那么，很容易捡了芝麻丢了西瓜。没有条理，怎么能学好呢？

6.保持愉快的心情，和同学融洽相处

每天有个好心情，一方面，做事干净利落，学习积极投入，效率自然高。另一方面，把个人和集体结合起来，和同学保持互助关系，团结进取，也能提高学习效率。

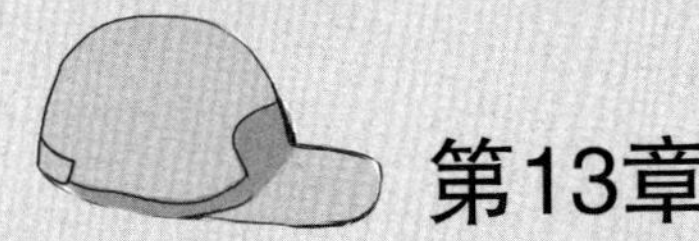

第13章

思路决定出路，做个会创新的男孩

在现代社会，一个人是否拥有灵活、变通的思维能力，决定了他的生存状况。男孩是未来社会的主力军之一，比女孩负有更多的责任，更需要用灵活的大脑来指挥自己的行动。思维的培养是帮助一个人成为更棒的自己，而不是把他完全变为另一个人。因此，男孩，你需要长期地练习，增强自己的思考能力，如此才能在未来社会大潮中凸显自己的价值和才能。

摆脱思维的禁锢，成功或许就在眼前

适用写作关键词：思维定势　经验

作家阿西莫夫和修理工

美国科普作家阿西莫夫从小就聪明，年轻时多次参加“智商测试”，得分总在160左右，属于“天赋极高者”之列，他一直为此扬扬得意。有一次，他遇到一位汽车修理工，是他的老熟人。修理工对阿西莫夫说：“嗨，博士！我来考考你的智力，出一道思考题，看你能不能回答正确。”

阿西莫夫点头同意。修理工便开始说题：“有一位既聋又哑的人，想买几根钉子，来到五金商店，对售货员做了这样一个手势——左手两个指头立在柜台上，右手握成拳头做出敲击的样子。售货员见状，先给他拿来一把锤子，聋哑人摇摇头，指了指立着的那两根指头，于是售货员明白了，聋哑人想买的是钉子。聋哑人买好钉子，刚走出商店，接着进来一位盲人。这位盲人想买一把剪刀，请问：盲人将会怎样做？”

阿西莫夫顺口答道：“盲人肯定会这样。”说着，伸出食指和中指，做出剪刀的形状。汽车修理工一听笑了：“哈哈，你答错了吧！盲人想买剪刀，只需要开口说‘我买剪刀’就行了，他干吗要做手势呀？”

智商160的阿西莫夫，这时不得不承认自己确实是个“笨蛋”。而那位汽车修理工人却继续说：“在考你之前，我就料定你肯定要答错，因为你受的教

育太多了，不可能很聪明。”

这里，修理工所说的“你受的教育太多了，不可能很聪明”，并不是因为学的知识多了人反而变笨了，而是因为，人的知识和经验多了，会在头脑中形成较多的思维定势。

知识窗

艾萨克·阿西莫夫（1920年1月2日—1992年4月6日），美国著名科幻小说家、科普作家、文学评论家，美国科幻小说黄金时代的代表人物之一。

阿西莫夫一生著述近500本，题材涉及自然科学、社会科学和文学艺术等许多领域，与儒勒·凡尔纳、赫伯特·乔治·威尔斯并称为科幻历史上的三巨头，同时还与罗伯特·海因莱因、亚瑟·克拉克并称为科幻小说的三巨头。同时，他也是著名的门萨学会会员，并且后来担任副会长。

励志点金石

著名撑杆跳运动员布勃卡有句名言：“纪录就是用来打破的。”多么狂妄又多么激动人心啊！他不断打破自己创造的纪录，不断突破人们心目中运动的极限。因为陶醉于突破人的体力的界限，他没有高处不胜寒的孤寂，他忘记了身体上的劳累与痛苦，所以他才创造了一个又一个不可思议的纪录，突破了公认的体力界限。在挑战与突破束缚的过程之中，他自然有了非凡的撑杆跳成绩，有了别人无法比拟的超高水平。摆脱不了思想的禁锢，人们永远也不可能有进步。

为你支招

固定的思维方式容易把人的思维引入歧途，也会给生活与事业带来消极影响。要改变这种思维定势，需要随着形势的发展不断调整、改变自己的行

动。任何一个有创造成就的人，都是战胜常规思维的高手。而实际上，一个人的思考陷入某种定式思维大都是不自觉的，要摆脱和突破这种定式思维的束缚，常常需要自觉地付出努力。为此，需要男孩做到以下几点：

1.培养自己的质疑能力

年轻人应该保持对未知事物的好奇心，做到博学而不浮躁，专注而不死板，打下良好的基本功才能有所创新。

2.展开想象的翅膀

在这个科技飞速发展的社会，没有什么是不可能的。没有做不出来的东西，只有想不出来的东西。只要你敢想，就能变成现实。

3.不断地尝试

很多新事物都是在不断的尝试中摸索出来的。鲁迅有一句名言："其实地上本没有路，走的人多了，也便成了路。"我们寻找道路的过程，实际上就是不断尝试的过程。在尝试的过程中，必然会面临很多的挫折，千万不要被挫折打败。

我们要欣然面对失败，并且坚持自己的想法，哪怕只是为了验证这些想法并不可行，一遍又一遍，直到最终发现自己的想法原来是行得通的。我们在尝试中总结经验，不断进步，而任何事情，浅尝辄止是不会有所成就的。

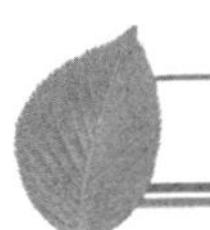

拥有独特的思维，培养自己的创造力

适用写作关键词：思维　创造

一只铁猫

曾经有两个人，他们一起出差。这天，工作任务完成的他们来到大街上闲逛。其中一个人看见路边一个老妇在卖一只黑色的铁猫，细心的他发现，这只铁猫的眼睛很特别，应该是宝石做的。于是，他询问老妇能不能用一整只铁猫的价钱来买一双眼睛。老妇虽然不大高兴，但最终还是同意了，然后把这只铁猫的眼珠子取出来卖给了他。

回到宾馆以后，他迫不及待地把自己的经历告诉了同伴。同伴听完后，问清楚了事情的前因后果，然后问他老妇在哪里，说自己想买剩下的那只铁猫。

于是，他便把地点告诉了同伴，同伴拿了钱立即就去寻老妇去了，一会儿，他把铁猫抱了回来。他说，既然这只铁猫的眼睛都是宝石做成的，那么，这只铁猫的猫身肯定也价值不菲。于是，他拿起铁锤往铁猫身上敲，铁屑掉落后，他们发现铁猫的内质竟然是用黄金铸成的。

这里，我们不得不佩服这个最后买走缺了眼睛的铁猫的人，他的思维是独特的。的确，既然猫的眼睛是宝石做的，那么它的身体肯定不会是铁。正是这种逆向思维使他摒弃了铁猫的表象，发现了猫的黄金内质。爱因斯坦说：“想象力比知识更为重要。”在创新的过程之中，最可怕的是想象力的贫乏。可以这样说，人的一切发明与创造都源于想象力。一个人一生的成就，全归功于他能建设性地、积极地利用想象力。有与众不同的想法，才能有与众不同的收获。因此，任何一个尚处于成长期的男孩，都应该学会在日常生活中多多开动大脑，培养自己的创造性思维和创造力。

知识窗

黄金有什么作用?

黄金是一种贵金属，不仅可以作为货币，还是人们的身份地位的象征，历来深受人们追捧。谁拥有黄金，谁就拥有财富，因此一直以来人们主要用它作金融储备、货币、首饰。当然，黄金的用途不只局限在这几个领域。

由于黄金的优良特性，历史上黄金充当货币的职能，如价值尺度、流通手段、储藏手段、支付手段和世界货币。

此外，因为黄金的稳定性极高、具有良好的导电性等，它还被广泛用于工业与科学技术上。

励志点金石

作为一个未来的总裁，应该具有激发和识别创新思想的才能。——（美）斯威尼

美国哈佛大学校长普西曾经深刻地指出，一个人是否具有创新能力，是“一流人才和三流人才之间的分水岭。”——朗加明

如果你从肯定开始，必将以问题告终；如果从问题开始，则将以肯定结束。——培根

为你支招

生活中，我们经常说，方法总比问题多。事实上，人们都不愿意开动脑筋

去寻找方法，因为这是一件伤脑筋的工作，于是，为了保险起见，我们更愿意使用前辈们已经传授给我们的方法和经验。而这却容易使得我们陷入思维的惯性中，即按固定的思路去想问题，不愿意换个角度、换种方式去想，拘泥于某种模式。这样不仅不利于问题得到更好解决，更是阻碍了我们的思维活性。

男孩，若培养自己的创造性思维和创造力，你需要从以下几个方面努力：

1.发散思维的获得

通过联想能力的训练，可以锻炼发散思维。你应当引导自己从事物中获得某种启示、感悟，如在写作文时提高思想认识，深化作文主题。这不仅是对自己思维的训练，也是一种德育。

2.抽象思维的获得

你可以自己进行一些奇数或偶数数列和递减数列的训练。比如，要求在5、7、9、10、11、13、15这七个数中去掉一个多余的数，看自己能否从这个奇数数列中挑出那个多余的偶数10。这种数的概括推理方法，对于已经进入青春期的你而言，是轻而易举就能掌握的。

3.逆向思维的获得

逆向思维是创造性思维中的主要部分，逆向思维有两大优势：

逆向思维优势一：在日常生活中，常规思维难以解决的问题，通过逆向思维却可能轻松破解。

逆向思维的优势二：逆向思维会使男孩独辟蹊径，在别人没有注意到的地方有所发现、有所建树，从而制胜于出人意料。在日常生活中积极主动地运用逆向思维，则能够起到拓宽和启发思路的重要作用。当你陷入思维的死角不能自拔时，你不妨尝试一下逆向思维法，打破原有的思维定势，反其道而行之，说不定就会眼前一亮，豁然开朗。

思路一变，难题或许就迎刃而解

适用写作关键词：创新　变通

“牛仔大王”李维斯

“牛仔大王”李维斯年轻的时候，带着梦想前往西部追赶淘金热潮。直至一日，一条大河挡住了他往西去的路。苦等数日，被阻隔的行人越来越多，怨声一片。而心情慢慢平静下来的李维斯突然有了一个绝妙的创业主意——摆渡。大家急着过河，所以没有人吝啬船钱。就这样，他人生的第一笔财富居然因大河挡道而获得。

渐渐地，摆渡生意开始清淡。李维斯决定继续前往西部淘金。来西部淘金的人很多，却没有卖水的人，所以，水在这个地方成了最珍贵的东西。不久，李维斯卖水的生意便红红火火。后来，同行的人已越来越多。终于有一天，在他旁边卖水的一个壮汉对他发出通牒：“小伙子，以后你别来卖水了，从明天早上开始，这儿卖水的地盘归我了。”他以为那人是在开玩笑，第二天仍然去了，没想到那家伙立即走上来，不由分说，便对他一顿暴打，最后还将他的水车也一起拆烂。李维斯不得不再次无奈地接受现实。然而，当这家伙扬长而去时，他立即又有了一个绝妙的主意——把那些废弃的帐篷收集起来，洗干净后，缝制成衣服，那么一定会有人愿意买。就这样，他缝成了世界上第一条牛仔裤。从此，他一举成名，最终成为举世闻名的“牛仔大王”。

聪明的人总是能做到不断变通、根据当下情况的变化作出明智的决定，于是，他们能不断找到成功的机遇，即使在困境中亦是如此，他们从不会因为眼前的现状而停止思考。李维斯的成功，就说明了思维的力量。

知识窗

Levi's（李维斯）是来自美国西部最闻名的名字之一。1853年，犹太青年商人Levi Strauss（李维·斯特劳斯）为处理积压的帆布试着做了一批低腰、直筒、臀围紧小的裤子，卖给旧金山的淘金工人。由于这种裤子比棉布裤更结实耐磨，因此大受欢迎。于是，李维索性开了一家专门生产帆布工装裤的公司，并以自己的名字"Levi's"作为品牌，Levi's（李维斯）的神话也由此展开。李维斯（Levi's）这个著名的牛仔裤品牌，已经历经一个半世纪的风雨，从美国流行到全世界，并成为全球各地男女老少都能接受的时装。

励志点金石

遇到困难和问题，我们应该学会改变思路。思路一转变，原来那些难以解决的困难和问题，就会迎刃而解。——洛克菲勒

把尝试"解决新问题"的追求，从人群中的局部人、少数人，扩大到人群中的绝大多数人，并使之成为日常生活中有机构成的一部分，这种趋势在20世纪末已初露端倪。——金马《21世纪罗曼司》

为你支招

这个世界上没有任何事是一成不变的，世界上也没有死胡同，关键就看你如何去寻找出路。要改变事物的现状，就要运用思维的力量，思路一变方法来，想不到就没办法，想到了就非常简单，人的思维就是这样奇妙。

为此，男孩，你若想获得灵活的思维，可以这样锻炼自己：

1.敢于否定，打破传统思维

曾有人这样诠释创新：“你只要离开常走的大道，潜入森林，你就肯定会发现前所未有的东西。”创新的成功，总是孕育着创新者的强烈创新意识。要想摆脱传统观念和习惯思维的局限，就要鼓励自我打破思维禁锢，突破常规的路线，激活创新的意识。

2.善于变通，敢于尝试

变通思维是创造性思维的一种形式，是创造力在行为上的一种表现。思维具有变通性的人，遇事能够举一反三，闻一知十，做到触类旁通，因而能产生种种超常的构思，提出与众不同的新观念。科学领域中的任何建树，都需要以思维的变通为前提。一般来说，变通思维用好了，就会起到一种“柳暗花明”的奇妙作用。

当然，我们这里所说的创新、变通，主要说的是对人们日常形成的思维定势提出挑战，而不是不遵守法律。法律是维持一个社会正常运转的必需品，它约束我们不做对他人有伤害的行为，唯有来自上辈人以及大多数人习惯的定式规则，才是禁锢我们头脑的一大天敌。不论个人还是企业，一旦头脑被禁锢，他的发展就一定会受到限制。

反方向思考，顿时豁然开朗

适用写作关键词：逆向思考　思维

“一意孤行”的里美

里美的名字在美国空军中赫赫有名，他是美国战略空军的缔造人之一。

在第二次世界大战期间，里美奉命参加了太平洋战区对日本的作战。当时，身为指挥将军的他领导的是当时美国最先进的飞机——B-29轰炸机。这种飞机性能极为优越，当然，造价也是十分昂贵的。因此美国空军司令部要求里美及其士兵要像爱护眼睛一样爱护每一架飞机；并声言，每损失一架B-29，空军司令部都要做特别调查，严惩肇事者。

如此先进的高空轰炸机，应该在战场上唱主角、充当尖刀；而实际情况是，效果却不尽如人意，正如有些飞行员不无讽刺地说：“B—29可以击中任何地方，可就是击不中目标。”原因是飞机自身存在着一些严重的技术问题。里美看到这一情况后，陷入了深深的思考之中。在广泛听取了作战人员和一些专家的建议后，他果断地做出决定。他命令对飞机做出一些改动，从而减少一些装备和人员，以便装载更多的弹药。他还做出了一个让内行大吃一惊的决定：命令飞机飞行高度不得超过7500英尺，把高空轰炸机变成了低空轰炸机。

此命令一出，里美面临着更大的压力。美国空军部长艾德诺甚至在电话中气愤地说：“我们花了大笔经费制造出的高空轰炸机和先进的自卫系统将被你

的一道命令毁于一旦，你这是拿飞行员的生命开玩笑，是违背命令。如果你一意孤行，我会考虑撤换你的职务。”

里美没有改变自己的决定，他要让事实来说话。事实证明，里美是正确的，低空飞行能准确地炸到目标，而不会误击其他任何地方。

的确，生活中，人们似乎都习惯了以顺向思维来思考问题，而这种思维方式，很多时候，会把我们的思绪带入死胡同，于是，就产生了“不可能”。如果我们把思维调个头，就会发现，反方向出发思考，原来问题如此简单。

知识窗

B-29轰炸机亦称B-29超级空中堡垒，是美国波音公司设计生产的四引擎重型螺旋桨轰炸机。主要在美军内服役的B-29，是第二次世界大战时美国陆军航空队在亚洲战场的主力战略轰炸机。它不单是第二次世界大战时各国空军中最大型的飞机，同时亦是集各种新科技的先进武器之一。

励志点金石

创新，可以从需求的角度而不是从供给的角度给它下定义为：改变消费者从资源中获得的价值和满足。——彼得·德鲁克

不创新，就死亡。——艾柯卡

为你支招

生活中，每个男孩都要培养自己的这种思维方式，要知道，思维决定一个人的前途。不同的人，选择不同的思维方式，他们脚下的自然不一样。善于改变自己的思维，不按照常理去想问题，就会取得非同一般的成效。有时候，当你处于某种自以为不可能的情况中时，如果你从反方向思考，或许你就能豁然开朗，原来的问题也变得简单得多。

关于运用逆向思维，男孩，需要掌握以下三大类型：

1.反转型逆向思维法

这种方法是指从已知事物的相反方向进行思考，产生发明构思的途径。“事物的相反方向”常常从事物的功能、结构、因果关系三个方面做反向思维。比如，市场上出售的无烟煎鱼锅就是把原有煎鱼锅的热源由锅的下面安装到锅的上面。这是利用逆向思维、对结构进行反转型思考的产物。

2.转换型逆向思维法

这是指在研究某问题时，由于解决这一问题的手段受阻，而转换成另一种手段，或转换思考角度思考，以使问题顺利解决的思维方法。如历史上被传为佳话的司马光砸缸救落水儿童的故事，实质上就是一个用转换型逆向思维法的例子。

3.缺点逆用思维法

这是一种利用事物的缺点，将缺点变为可利用的东西，化被动为主动，化不利为有利的思维发明方法。这种方法并不以克服事物的缺点为目的，相反，它是将缺点化弊为利，从而找到解决方法。如金属腐蚀是一种坏事，而人们利用金属腐蚀原理进行金属粉末的生产，或进行电镀等其他用途，无疑是缺点逆用思维法的一种应用。

参考文献

[1] 迟双明.做个有志气有毅力有出息的男孩[M].北京：中央广播电视大学出版社，2012.

[2] 陈金川.优秀男孩必备的10个习惯和9种能力[M].北京：中国纺织出版社，2014.

[3] 文德.好性格成就男孩一生[M]. 北京：中国华侨出版社，2014.

[4] 晓丹.做个最棒的男孩：男孩成长不可不读的100个励志故事[M]. 北京：中国妇女出版社，2015.